NOUVEL APERÇU

SUR

LA PHYSIOLOGIE DU FOIE.

DE L'IMPRIMERIE DE BÉTHUNE,
RUE PALATINE, N° 5.

NOUVEL APERÇU

SUR

LA PHYSIOLOGIE DU FOIE,

ET LES USAGES DE LA BILE.

DE LA DIGESTION CONSIDÉRÉE EN GÉNÉRAL.

PAR BENJAMIN VOISIN,

DOCTEUR EN MÉDECINE, MEMBRE DE LA SOCIÉTÉ MÉDICALE D'ÉMULATION.

> « Le foie, outre sa sécrétion, joue dans l'économie un
> » rôle inconnu, mais important. »
>
> BICHAT (*Anat. génér.*).
>
> « Est-ce bien pour l'accomplissement de la chylification
> » que le foie sécrète la bile, et ce liquide est-il réellement
> » essentiel dans cette fonction ? »

PRIX : 3 FR. 50 C.

PARIS,

Chez J.-B. BAILLIÈRE, rue de l'École-de-Médecine, 14 ;
et chez BÉCHET, jeune, place de l'École-de-Médecine, 4.

1833.

INTRODUCTION.

En me livrant à des recherches d'anatomie pathologique, j'ai souvent été frappé des altérations profondes et variées que présente le foie dans son parenchyme, et j'avais peine à m'expliquer comment avec de tels désordres, la digestion, et conséquemment la nutrition avaient pu continuer à s'effectuer. Ces particularités me firent naître des doutes sur l'importance absolue attribuée à la bile dans l'acte de la chylification, et je soupçonnais que ce liquide pouvait y avoir une très-faible part, si même il n'y est pas totalement étranger.

Préoccupé de cette idée, que la théorie qui établit l'utilité de la bile pourrait fort bien n'être pas l'expression de la vérité, je désirai vivement avoir l'occasion d'observer une maladie organique du foie, afin d'en étudier toutes les phases sous le rapport de leur influence sur la digestion, pour ensuite être à même d'asseoir irrévocablement mon opinion; lorsque dans ma pratique, faisant l'autopsie d'un jeune homme qui avait succombé à une péritonite latente, avec ascite, compliquée de péripneumonie, je fus fort surpris de trouver l'organe hépatique entièrement atrophié, réduit au moins au vingtième de son volume ordinaire, et encore flétri dans ce qui le constituait; de sorte que depuis quelque temps, il ne devait plus s'y faire la moindre sécrétion; les autres viscères de l'abdomen étaient cependant tous reconnaissables, avaient conservé leur aspect, et occupaient leur place habituelle, quoique refoulés un peu vers la colonne vertébrale par la sérosité. Ce qu'il y a de remarquable, c'est que du vivant de l'individu aucun signe, aucun trouble notable dans les fonctions digestives n'avait pu faire présumer cet état de nullité du foie; car le malade se nourrissait et ses aliments étaient fort bien élaborés. Ce fait n'est pas nouveau dans la science, il est vrai, mais encore mérite-t-il d'être signalé; il donne la mesure de ce que l'on doit penser de l'opinion qui consiste à regarder la bile comme la condition première, *sine quâ non*, de la digestion; et c'est sur ce point de doctrine que je désire provoquer un nouvel examen.

Sans vouloir rien préjuger de l'idée que l'on doit se former de ce liquide, j'admettrai que dans l'observation précitée, le foie a dû participer à l'appauvrissement général qui se manifeste à la suite des maladies chroniques; mais aussi je ferai remarquer qu'il y a loin encore d'un état de dépérissement à celui d'une atrophie complète qui ne permet plus à l'organe l'exercice de ses fonctions; et que, dans un tel état de choses, la bile cessant d'être sécrétée et versée dans l'intestin, toute espèce de travail digestif eût dû discontinuer sur-le-champ; cependant cet effet considéré comme de toute nécessité, n'arriva pas; de même, lorsque les canaux excréteurs de la bile, les conduits hépatique et cholédoque surtout, sont fermés exactement par des calculs, conséquemment à l'interruption du cours de ce liquide la digestion devrait être suspendue. Comment se fait-il que l'évènement ne justifie pas cette attente? Pourquoi cette contradiction?

Ne voit-on pas que les individus qui offrent ces accidents pathologiques n'éprouvent quelquefois aucun accident qui puisse raisonnablement faire soupçonner l'existence de ces pierres? et souvent, lorsque pendant la vie, on parvient à les reconnaître, les seuls indices que l'on possède ne consistent-ils pas simplement dans de légers dérangements de la santé? On remarque que la peau prend une couleur jaune de plus en plus foncée, que les digestions sont plus lentes et les matières fécales blanchâtres, mais encore le caractère propre de ces phénomènes morbides n'est pas d'empêcher, d'arrêter la nutrition, ce qui devrait avoir lieu si la bile était vraiment utile pour la séparation du chyle.

Il suffit que cette séparation puisse se faire sans le concours de ce liquide, pour qu'on soit en droit d'infirmer son importance dans cette fonction.

Mais tout en lui refusant la part active qu'on lui attribue dans la digestion, ce n'est pas dire pour cela qu'il n'ait point d'influence, par ses éléments constitutifs, sur le mouvement péristaltique de l'intestin dont il sollicite les contractions.

Observons seulement qu'il y a loin de cette manière d'agir tout-à-fait passive, secondaire, et qui n'est nullement différente de celles des autres produits excrémentitiels, à l'idée qu'on s'est faite de considérer la bile, relativement à ses qualités, comme l'agent efficient de la chylification.

Déchu de ce haut emploi, à quoi sert donc ce liquide, quel est son usage, et comment doit-on envisager l'organe qui le sécrète? C'est ce que je me propose d'étudier.

En me livrant aux recherches que nécessitera ce travail, je m'estimerais heureux si je pouvais approcher du but indiqué par Bichat, et qu'il signale comme un des points les plus dignes de fixer l'attention des physiologistes, c'est-à-dire, si je parvenais à découvrir, ou au moins à entrevoir *le rôle inconnu, mais important, que le foie, outre sa sécrétion, joue dans l'économie.*

Je ne me dissimule pas que cette belle question qui eût gagné à être traitée par son auteur, et que lui seul pouvait résoudre avec le plus de succès, ouvre un vaste champ aux hypothèses, et par là même devient sujette à de nombreuses controverses; toutefois si le point de vue sous lequel je vais la présenter ne satisfait pas complètement, et que cependant mes efforts provoquent de nouveaux essais plus fructueux, je me consolerai d'être demeuré au-dessous de l'entreprise.

NOUVEL APERÇU

SUR

LA PHYSIOLOGIE DU FOIE

ET DES USAGES DE LA BILE.

DE LA DIGESTION CONSIDÉRÉE EN GÉNÉRAL.

— ◆◆◆ —

> « Le foie, outre sa sécrétion, joue dans l'économie un
> « rôle inconnu, mais important. »
>
> BICHAT (*Anat. génér.*)
>
> « Est-ce bien pour l'accomplissement de la chylification
> « que le foie sécrète la bile, et ce liquide est-il réellement
> « essentiel dans cette fonction ? »

Le foie est un organe de sécrétion. La bile qu'il sépare est purement excrémentitielle. Formé de débris organiques et de l'épuration des éléments nutritifs, ce liquide n'est nullement propre à la chylification et doit
entièrement être rejeté au dehors, après avoir stimulé
dans toute sa longueur le canal digestif.

C'est à développer cette proposition que seront con-
sacrés les différents chapitres qui vont suivre.

CHAPITRE PREMIER.

SOMMAIRE : *Anatomie et physiologie du foie.*— *Ses rapports avec les autres viscères de l'abdomen, par le système de la veine-porte et les vaisseaux absorbants chylifères.* — *Conséquemment fausse idée qu'on s'est faite de cet organe.* — *Aperçu de ses fonctions.*

Le foie occupe à lui seul, par son volume, le cinquième de la cavité abdominale ; son grand développement, même dans les premiers temps de la vie intra-utérine, son organisation très compliquée, ses rapports très-étendus, tout indique qu'il remplit des fonctions importantes, quelles qu'elles soient ; les nerfs qui s'y distribuent sont en petite quantité, proportionnellement à sa masse ; quelques-uns lui viennent du nerf vague (pneumo-gastrique) et du nerf diaphragmatique ; les plus nombreux, et les principaux sont fournis par le plexus solaire ; aussi appartient-il presque en entier à la vie organique ; mais en revanche de la disette des nerfs, il est abondamment pourvu de vaisseaux de différents ordres, et qui font partie de son tissu.

Il est par cette voie en communication avec presque la totalité des viscères abdominaux, sinon immédiatement, au moins par des liaisons assez directes : par les vaisseaux absorbants et le système de la veine-porte ; par celui-ci s'établissent pour cet organe des rapports, 1° avec la rate ; ils sont très-nombreux et ont été aperçus par les anciens qui désignaient la rate sous le nom de *vicaire du foie*; 2° avec les épiploons, et par là avec l'estomac, le pancréas, le duodénum, l'intestin grêle, le colon lombaire droit et une portion du colon transverse.

Les veines qui partent de ces différents points concourent à former deux troncs principaux, la splénique et la mésentérique supérieure; un troisième, la mésaraïque inférieure, rapporte le sang de la partie gauche du colon transverse, du colon descendant et du rectum; en se réunissant entre elles ces veines donnent naissance à la veine-porte qui, comme on le voit, ramène au foie presque tout le sang de l'abdomen. Les reins, la vessie, et chez l'un et l'autre sexe les organes génitaux. sont les seuls viscères de cette cavité qui se dégorgent immédiatement dans la veine cave inférieure. On s'est demandé pourquoi cette exclusion; elle semble cependant assez motivée, si l'on réfléchit à la nature des fonctions de ces derniers organes, qui sont séparées des actes de la digestion, ou du moins s'y rattachent d'une manière assez indirecte. Ces organes forment dans l'abdomen deux appareils distincts qui n'ont que des rapports fort éloignés avec ceux qui opèrent la nutrition proprement dite; leur existence est tout-à-fait indépendante. Pourquoi donc, demanderai-je à mon tour, le sang qui a servi à les réparer, en tout semblable à celui qui revient des parties supérieures du corps, ne contenant aucuns principes étrangers à sa composition (ce qui n'a pas lieu pour celui que renvoient les organes digestifs), pourquoi ne se joindrait-il pas de suite à la masse commune du sang veineux? il n'a pas besoin d'éprouver une première élimination, comme celui de la veine-porte qui ne doit arriver au cœur qu'après avoir parcouru le foie pour s'y épurer en se dépouillant des matériaux qui vont fournir la bile.

En outre aucun viscère de l'abdomen ne possède un plus grand nombre de vaisseaux absorbants que le foie; ils sont de deux espèces : les lymphatiques et les chylifères proprement dits; les premiers sont chargés du renouvellement organique et appartiennent en propre au foie; ils règnent à sa surface, après avoir préalablement pris naissance dans son tissu; les seconds, bien supérieurs en nombre, sont communs à tout le système viscéral de l'abdomen. On les reconnaît en ce qu'ils sont placés profondément, et qu'ils suivent en tout la direction des vaisseaux sanguins hépatiques. Comme ceux-ci, ils ont une origine éloignée, c'est ce que du reste font assez pressentir le nom et l'usage qu'on leur assigne.

Le trajet des absorbants chylifères à travers le foie a été reconnu dès l'origine de la découverte de ces vaisseaux. *Aselli* qui, en 1622, fut le premier qui les signala sur des quadrupèdes, sur des chats, des chevaux, des chiens, les appela veines lactées, et pensa que, comme les autres veines de l'intestin, ils aboutissaient au foie. Ensuite *Westingius*, qui les observa sur l'homme lui-même, tout en démontrant leur terminaison au canal thorachique, mentionne qu'un grand nombre de ces vaisseaux pénètre dans le foie.

Les absorbants chylifères de l'organe hépatique ne sont, comme ceux de la rate et du pancréas, que la continuation des chylifères des diverses portions de l'intestin. Partis tous de ce point, ils accompagnent les vaisseaux veineux, suivent en tout leur direction, et comme ceux-ci avant de verser dans le foie le liquide qu'ils contiennent, se réunissent tous pour former les veines mésaraïques qui, à leur tour, constituent la veine-porte, de même ceux-là, les vaisseaux chylifères, après un certain trajet, s'anastomosent entre eux, deviennent plus gros et se rassemblent en plexus au-dessous du petit lobe de Spigel vers lequel ils convergent; de là ils montent dans le foie, s'y ramifient à l'infini, et ils n'en sortent, soit qu'ils aient été remplacés par d'autres analogues, soit qu'ils soient restés les mêmes, que pour aller se dégorger dans le réservoir de Pecquet et de là dans le canal thorachique.

S'il n'en était pas ainsi de l'origine et du trajet de ces

vaisseaux lactés, d'où viendraient ceux qu'on remarque dans le foie, de quelle utilité lui seraient-ils ? D'où viendrait surtout le chyle qu'on trouve dans ces canaux ; car je ne sache pas, jusqu'ici, que l'on ait regardé le foie comme le fabricateur du chyle ; mais si les chylifères se détournent de leur route et traversent le foie, au lieu de se jeter immédiatement dans le réservoir commun, en cela la nature eut son but, et c'est manifestement celui de faire subir au chyle qui pénètre ces vaisseaux une sorte d'élimination qui a pour effet de le rendre propre à se mêler au sang qu'il est destiné à reconstituer ; j'en dirai autant de ceux qui se rendent à la rate, au pancréas ; là le chyle acquiert des qualités qu'il n'avait pas, il devient, par exemple, plus ténu, plus séreux, plus fibrineux, d'une couleur d'un blanc moins mat, mais tirant sur le rose, et par conséquent il perd la matière grasse, onctueuse qui lui donne l'apparence du lait, ressemblance qui n'est jamais plus parfaite que quand on l'examine plus près de l'intestin. Il suffit de comparer le chyle que l'on recueille dans les épiploons, et celui qui, après avoir parcouru le foie est près d'arriver dans le réservoir de Pecquet (je ne parle pas de celui du canal thorachique, parce qu'il s'y trouve mêlé à la lymphe), pour se convaincre de la différence de leurs caractères physiques. Cette différence est même appréciable à l'analyse chimique. En se dépouillant de ses principes huileux dans son trajet, à travers le foie, le chyle fournit conjointement avec le sang de la veineporte, les matériaux qui doivent former la bile.

Jusqu'à un certain point l'idée des anciens était donc fondée, quand ils considéraient le foie comme un premier organe de sanguification, comme faisant subir au chyle une première élaboration ; seulement ils se trompaient sur les moyens de transport de cette liqueur qui, selon eux, était charriée par les veines mésaraïques.

Cependant cette opinion a été reproduite encore de nos jours avec assez d'avantage. Quelques physiologistes, Gmelin, Tiédemann, Swammerdam regardent ces veines comme congénères des vaisseaux chylifères, relativement à l'absorption de ce liquide. Plusieurs faits semblent confirmer cette opinion; j'exposerai les principaux d'après M. *Adelon*, tom. III de sa Physiologie.

1° « Les villosités intestinales sont composées autant par les veines mésaraïques que par les vaisseaux chylifères. Ces veines ont aussi des orifices libres, béants dans la cavité de l'intestin. Liberkun, Meckel et Lobstein, en poussant des injections dans la veine-porte, ont vu la matière de ces injections sortir par les villosités de l'intestin.

2° » On a rencontré du chyle dans le sang des veines mésaraïques. Gmelin, Tiédemann et Swammerdam disent l'avoir observé dans leurs expériences.

3° » Des matières colorantes, odorantes, salines, introduites dans l'intestin se sont retrouvées dans les veines mésaraïques tout aussi bien que dans les vaisseaux chylifères, preuve de la faculté absorbante de ces veines.

4° » Enfin la ligature du canal thorachique n'a pas toujours entraîné la mort: un chien sur lequel *Duverney* avait fait cette expérience ne mourut qu'au bout de quinze jours. Flandrin la pratique sur douze chevaux qui lui paraissent manger comme à leur ordinaire et ne pas maigrir, et les ayant tués quinze jours après, il s'assura que chez eux le canal thorachique n'était pas double.

» Le célèbre chirurgien Astley-Cooper, qui fit la même expérience, constata le même résultat. Plusieurs de ces animaux survécurent plus de quinze jours; aucun ne mourut dans les deux premiers jours. A l'ouverture des cadavres, il trouva le canal thorachique crevé et le chyle épanché dans l'abdomen. »

Des physiologistes français des plus distingués, MM. Ribes et Magendie, reviennent aussi à cette idée des anciens : que l'absorption du chyle se fait conjointement par les vaisseaux lactés et par les veines mésaraïques. D'après ces auteurs, tandis que les chylifères recueillent la partie nutritive des aliments, les veines mésaraïques s'emparent de celle des boissons.

D'un autre côté Hunter pense et démontre par plusieurs expériences également concluantes que les seuls vaisseaux lactés sont capables d'effectuer l'absorption du chyle. Ces contradictions, ces résultats différents observés de part et d'autre par des physiologistes recommandables par leur exactitude et leur bonne foi, ne tiendraient-ils pas à ce que dans l'explication de ces expériences on fait abstraction des anastomoses, des communications qui existent entre les chylifères, et des rameaux veineux dans les ganglions mésentériques, de telle sorte que, les veines mésaraïques se trouveraient pourvues d'une certaine quantité de chyle, sans être toutefois de prime abord les moyens, les organes effectuant l'absorption de ce liquide. Quoi qu'il en soit, il demeure constant par ces expériences, ce qu'il nous importe d'établir, que le chyle avant d'arriver au réservoir de Pecquet, aborde le foie, parcourt son parenchyme, quelle que soit la manière dont il est apporté, et l'ordre de vaisseaux qui en est chargé. Mais nous pensons que ce transport appartient aux absorbants chylifères.

Pour se convaincre que les vaisseaux qui portent le chyle affectent dans leur cours cette direction à travers l'organe hépatique, il suffit de lier, avant son entrée dans la poitrine, le canal thorachique d'un chien, après lui avoir fait prendre une grande quantité de nourriture, et quand on suppose que la digestion est en pleine activité. Alors les vaisseaux chylifères se gonflent, deviennent très-apparents, leur couleur blanchâtre ressort mieux, et on peut sans beaucoup de peine les suivre dans leur trajet, depuis leur point de départ dans l'intérieur de l'intestin, leur passage à travers les glandes mésentériques, jusqu'à leur arrivée dans le foie.

Toutefois j'observerai que cette disposition anatomique est seulement applicable aux absorbants de la digestion, car pour les lymphatiques qui opèrent le renouvellement organique, rien ne les oblige à parcourir cette filière, avant de se jeter dans le réservoir commun; aussi les voit-on s'y aboucher en ligne droite, mais seulement après avoir pénétré dans les ganglions qui se trouvent sur leur route.

Qu'on ne croie pas que pour le foie il y ait exception à cette règle générale; quoique le nombre de ses absorbants soit prodigieux, ces deux ordres de vaisseaux se distinguent fort bien l'un de l'autre.

Les lymphatiques, comme je l'ai dit, sont répandus à la surface de l'organe, qu'ils recouvrent presque en entier. Leur direction, aussi bien que leur origine, est encore différente de celles des chylifères; la plupart percent le diaphragme ou le traversent par l'ouverture aortique, arrivent dans la poitrine, se joignent aux intercostaux avant de gagner le canal thorachique; quelques-uns même ne se réunissent à lui que près de son embouchure dans la veine sous-clavière gauche ou même s'y terminent; tandis que les chylifères, en sortant du foie conjointement avec les vaisseaux sanguins, vont droit au réservoir de Pecquet.

C'est donc à tort que les anatomistes et les physiologistes supposent les deux espèces d'absorbants de l'abdomen comme mêlés, confondus ensemble et impossibles à reconnaître au delà du lieu de leur point de départ, car quoique leurs nuances soient délicates, on peut cependant les saisir. Leur manière d'être n'est pas la même; chacun a son aspect, un trajet différent à suivre. La grosseur des lymphatiques n'est pas aussi sujette à changer; tandis qu'elle augmente ou diminue, suivant le temps de la digestion, dans les vaisseaux lactés.

Enfin, si les uns et les autres aboutissent toujours au même terme, il y a encore quelques distinctions à faire dans leur manière de l'atteindre.

De cet énoncé, il suit que le foie a des rapports fort étendus avec la presque généralité des viscères de l'abdomen, et principalement avec toute la longueur du canal digestif, par deux ordres de moyens, le système de la veine-porte et celui des vaisséaux absorbants lactés, de manière qu'il tire les éléments de sa sécrétion des principes dont le chyle se sépare, et d'un autre côté d'un sang abondamment chargé de molécules organiques, et qui a déjà les caractères huileux de la bile.

Tout porte donc à considérer l'organe qui travaille cette liqueur, comme un appareil d'élimination, un véritable émonctoire de l'économie et surtout des fonctions digestives qui n'ont que cette voie directe pour épurer leur produit. C'est donc à tort que l'on a coutume de regarder le fluide biliaire comme la condition, *sine quâ non*, de la digestion, puisqu'il en provient, loin d'en être la cause. J'accorde qu'il puisse l'aider en favorisant par sa présence, en raison de ses qualités excitantes, le mouvement péristaltique de l'intestin, et qu'arrivé dans le rectum il serve encore de stimulus pour procurer l'excrétion du fécès, mais son influence ne va pas au delà; et, bornée à ce rôle, n'est-elle pas bien secondaire !

Telle est, en résumé, la manière dont l'appareil hépatique me paraît lié, chez l'adulte, à la digestion ; en tant qu'il extrait des sucs qu'elle fournit certaines parties qui nuiraient à l'assimilation organique, et qu'il se charge du surplus de la nutrition, dont il compose la bile, mais non en ce qu'il préside à l'acte qui forme le chyle, puisque sa mise en exercice est subordonnée, consécutive à l'état de plénitude des viscères de l'abdomen.

Cet état de choses n'est pas supposé gratuitement, il se trouve établi par des faits, et déduit d'expériences exactes; mais avant de les faire connaître, j'épuiserai toutes les preuves, tous les arguments physiologiques qui plaident pour mon opinion.

CHAPITRE II.

Sommaire. *L'économie est divisée en plusieurs ordres de tissus qui ont chacun leurs caractères propres. — Conformité d'organisation des glandes entre elles ; même identité dans le produit de leur sécrétion; de là leur facilité à se suppléer mutuellement dans leurs fonctions. — Du foie envisagé comme glande, — Sa spécialité de texture. — Combien il diffère des salivaires et du pancréas. — Concours supposé de leur action dans l'acte de la digestion.— Analyse des sucs salivaire, pancréatique, gastrique, du mucus intestinal, comparés avec la bile. — Seul exemple pour cette liqueur d'éléments de sécrétion fournis par un sang noir.*

Qui ne sait qu'au milieu de cette foule de tissus qui constituent l'organisme, la nature a suivi des lois constantes dans sa manière de procéder, selon qu'elle avait à former telle ou telle espèce de systèmes.

Toujours d'accord avec elle-même, ses écarts ne portent que sur des objets peu importants. Quoique la dissemblance des tissus qui composent l'homme soit frappante, au premier abord, c'est-à-dire ceux-ci considérés en masse, on peut cependant les ranger par classes, assigner pour quelques-uns d'eux des lignes de démarcation bien tranchées; on peut les réduire, comme l'a très-bien fait Bichat, dans son Anatomie générale, à certains ordres de systèmes qui, tous à part, ont leurs caractères distiuclifs; ce qui n'empêche pas que chacun de ces appareils se rapproche ou s'éloigne davantage, dans sa manière d'être, de tel ou tel autre.

Dans deux espèces différentes les points de contact peuvent être nombreux, l'analogie des fonctions assez démontrée, sans qu'il y ait cependant identité parfaite d'organisation; ainsi, par exemple, les membranes sé-reuses et synoviales composant deux ordres séparés, varient très-peu dans leur aspect et dans le produit de leur sécrétion, pont l'usage est, pour les unes comme pour les autres, de favoriser le mouvement des parties qu'elles recouvrent. De même cette similitude de fonc-tion se trouve bien dessinée dans les deux systèmes musculaires, celui de la vie organique et celui de la lo-comotilité, quoique, envisagés l'un après l'autre, leurs caractères ressortent diversement. Cette analogie est encore évidente entre le tissu muqueux et le tissu cutané. Ainsi lorsqu'une partie de la surface du corps est pen-dant quelque temps soustraite au contact de l'air, l'épi-derme se ramollit, disparaît, et la peau sécrète un mucus semblable à celui des membranes muqueuses, comme d'un autre côté dans des cas de prolapsus anciens soit de l'utérus, soit du vagin, la membrane muqueuse qui devient externe perd sa couleur rose, s'épaissit et revêt par la suite l'aspect des téguments sans qu'il y ait à proprement dire altération organique dans ces transfor-mations réciproques. Mais c'est surtout parmi les glan-des que cette ressemblance est frappante, toutes ont entre elles des signes extérieurs qui les font reconnaître. Leur structure est établie sur une base commune; toutes ont le même aspect grisâtre, la même consistance, presque la même forme, la même texture granulée, et se réunissent en petits lobes bien circonscrits. Leur conformité d'organisation n'est point non plus démentie par la nature du liquide qu'elles séparent, et qui, dans toutes, est filant, onctueux, limpide, et offre, à quelques différences près, la même analyse chimique; enfin, dans leurs affections pathologiques, c'est uniformément pour toutes le même mode de lésion. Cette ressemblance est parfaite entre les salivaires et le pancréas, qui ont aussi des fonctions pareilles, et dont le but le plus direct est de fournir une liqueur propre à la dissolution de l'aliment. Comparés ensemble, les sucs salivaires et pancréatiques présentent une identité parfaite et dans leur nature et dans leur composition. C'est encore cette parité d'organisation et d'action entre les glandes, qui fait qu'elles ont la facilité de se remplacer mutuellement, lorsque l'une d'elles, par une cause quelconque, ne peut sécréter. Ainsi, chez l'enfant, au moment de son entrée dans la vie, le pancréas, le seul de ces organes glanduleux qui soit bien formé, entre de suite en exercice, et supplée à l'inertie des salivaires, qui, n'ayant pas acquis tout leur développement, ne commencent à donner qu'à mesure que de nouveaux besoins se font sentir, que la nutrition plus active, plus étendue, met en jeu un plus grand nombre d'organes. Dans ces glandes de la même espèce, la similitude de fonctions est de toute évidence, comme il existe entre elles la plus grande analogie de structure. Mais quel rapprochement peut-on établir entre celles-ci et le foie? Combien il en diffère! Ne s'en éloigne-t-il pas en tout, et par sa masse, sa couleur, sa position superficielle, par sa texture particulière, le nombre, la diversité de ses vaisseaux, ses granulations miliaires, jaunâtres, vésiculeuses, et enfin par la nature de son fluide? Ses fonctions ne sont-elles pas aussi toutes spéciales? et, lorsqu'il devient malade, ses lésions ne sont-elles pas également caractéristiques? Ne ressemblant en rien aux autres appareils glanduleux de la digestion, il n'a pas non plus, comme eux, parmi ses congénères, d'auxiliaire capable de le remplacer, lorsqu'il est réduit à l'inaction. Est-ce la rate, regardée par les anciens comme le vicaire du foie, qui peut le suppléer? Il faudrait au moins qu'on pût dire en quoi consiste sa sécrétion. Quels sont ses canaux excréteurs, et quel est l'endroit de leur terminaison? On parviendrait à les découvrir, que la rate serait encore un organe à part, aussi original que le foie, dans sa manière d'être; les usages de son liquide ne pourraient que différer de ceux de la bile. De ce que l'un et et l'autre de ces viscères ont des connexions nombreuses par le système veineux abdominal, il ne s'ensuit pas, pour ce qui a trait à leurs fonctions, qu'ils puissent, suivant le besoin, se prêter un mutuel secours, se remplacer. La rate est d'ailleurs moins constante que le foie; son ablation n'est pas mortelle, et on ne s'aperçoit pas qu'elle communique à ce dernier une énergie relative. Il n'y a donc réellement entre eux aucune intimité de rapports, aucune solidarité dans leurs actes. Je traiterai plus bas de la manière d'envisager la rate et le système veineux qui s'y rattache.

Cependant ce sont ces appareils glanduleux, les salivaires, le pancréas d'un côté, le foie de l'autre, que l'on place sur la même ligne, pour leur faire jouer un seul et même rôle dans la digestion; et conséquemment les liquides qu'ils sécrètent, quoique très-différents entre eux, sont supposés s'unir pour travailler en commun la pâte alimentaire, ce qui n'empêche pas que chacun pour sa part s'attache de préférence, par une sorte de choix, d'affinité organique, à telle ou telle substance qu'il doit dissoudre. On ne sait comment s'expliquer un pareil contre-sens en physiologie. Comment croire qu'un viscère, que tout spécifie dans sa manière d'être, ait le moindre point de contact avec des appareils dont il diffère essentiellement. Le foie ne peut en rien ressembler aux glandes salivaires et au pancréas, et ses fonctions ne peuvent s'accorder avec celles de ces organes pour opérer conjointement la digestion. Il est nul dans ce travail, ce n'est qu'accessoirement qu'il y figure. Les qualités de la bile sont trop opposées à celles des sucs salivaire, gastrique et pancréatique, pour supposer que ces liquides puissent jamais s'unir, se mêler ensemble dans quelque temps que ce soit.

Pour démontrer la justesse de cette observation, je mettrai sous les yeux l'analyse chimique qui a été faite de chacun d'eux.

Salive. Liquide inodore, insipide, transparent, visqueux, spumeux par l'agitation, verdit le sirop de violettes, contient du mucus, et est composé, d'après M. Berzélius, d'eau 992, 9: d'une matière animale, insoluble dans l'alcool, soluble dans l'eau, 2,19; de mucus, 1,4; d'hydrochlorate de potasse et de soude, 1,7; de lactate de soude et de matière animale, 0,9; de soude, 0,2; et d'un peu de phosphate de chaux et de magnésie.

Suc pancréatique. Liquide limpide, incolore, filant, visqueux, saveur alcaline, et verdissant le sirop de mauve; il présente à peu près la même composition que la salive avec laquelle il a beaucoup de rapport.

Quant au *suc gastrique*, il est un mélange de salive, de mucus provenant de deux sources, 1° de l'exhalation de la membrane muqueuse de l'estomac; 2° de la sécrétion des nombreux follicules qui règnent à la surface de cette membrane. Les caractères physiques de cette liqueur, ainsi que ses éléments constitutifs, sont ceux des mucosités.

La *bile* au contraire est un fluide consistant, opaque, d'un jaune verdâtre ou d'un brun jaunâtre, suivant qu'elle vient immédiatement du foie, ou qu'elle a séjourné un temps plus ou moins long dans la vésicule biliaire. Sa saveur est amère; elle tient en suspension de la matière jaune, et teint de cette couleur l'infusion de tournesol, le sirop de violettes et presque tout ce qu'elle touche. Sa composition est, suivant M. Berzélius, d'eau 907,4; de matière semblable au picromel 80,0; de mucus de la vésicule, du fiel et des conduits hépatiques 3; et de 9,6 d'alcali et de sels communs à tous les fluides animaux. M. Thenard y reconnaît en plus de la résine, et M. Chevalier, dans la bile cystique, une petite quantité de picromel.

Elle jouit de la propriété de dissoudre plusieurs matières grasses, à raison des principes qui la constituent, et c'est peut-être pour cela qu'on la regarde comme la cause efficiente de la séparation du chyle, ne voyant dans cette fonction qu'un acte purement chimique.

En rapprochant cette dernière liqueur des sucs muqueux et glandulaires, on est frappé de la différence qui existe entre eux. La bile, outre les sels communs à tous les fluides animaux, contient des substances très-actives et d'une nature tout-à-fait excrémentitielle, telles que le picromel, la résine et la matière huileuse qui la colore en jaune. L'âcreté de ses principes est si grande, que si, par rupture de la poche qui la contient, la bile vient à s'épancher dans l'abdomen, elle entraîne nécessairement la mort; ce qui n'a pas lieu pour les sucs salivaire et gastrique, lorsque l'intestin est divisé et que, dans son état de vacuité, il n'a livré passage à aucun autre liquide. Un résultat si opposé dans des circonstances absolument identiques, suffit pour classer ces liqueurs, les unes, le mucus gastrique, la salive et le suc pancréatique, comme amies des tissus, comme propres à les recomposer, et l'autre, le fluide biliaire, comme leur étant essentiellement nuisible, et ne convenant nullement à

l'assimilation organique, conséquemment aussi les organes qui sécrètent des liquides si opposés dans leurs effets, ne peuvent se ressembler. Le système hépatique
qui n'a rien de commun avec les autres appareils glanduleux, en diffère encore par les matériaux de sa sécrétion, qui viennent d'un sang veineux, émanant des
organes digestifs et transmis par la veine-porte. Ce sang
plus noir, plus onctueux, est, de l'avis même des auteurs, plus propre à former la bile ; il est très-chargé
d'hydrogène et de carbone.

On pense assez généralement que l'artère hépatique
qui ne répond point au volume du foie, contribue seulement à l'entretien de ce viscère. Cependant Bichat,
et après lui M. Broussais, se fondant sur l'analogie des
autres sécrétions, penchent à lui rapporter la sécrétion
biliaire. Deux chimistes célèbres, Fourcroy et Vauquelin, sont allés bien au-delà de cette opinion : ayant
reconnu dans un caillot de sang artériel une matière
tout-à-fait semblable au fiel du bœuf; ils ont été jusqu'à
prétendre que la bile pouvait résider toute formée dans
le sang artériel. Ce fait de l'association de la bile et du
sang ne peut s'expliquer que dans le cas d'ictère.

Avec Saunders, M. Richerand et la plupart des physiologistes modernes, je continue à croire que le sang
de la veine-porte fournit la plus forte part de la sécrétion biliaire, et je reconnais aussi, avec M. Magendie,
qu'elle dérive à la fois de cette source et du sang que
transmet l'artère hépatique; j'indiquerai plus bas les
motifs de cette opinion. Mais j'admets de plus que ces
auteurs, que les matériaux de la bile sont encore apportés des organes digestifs au foie, par une autre voie,
par les vaisseaux absorbants et notamment par les chylifères, ce qui a été démontré dans le premier chapitre.

CHAPITRE III.

DES différents viscères qui sont dans l'abdomen et qui se rattachent à la digestion, quoique déjà d'une ma-nière indirecte, la rate est un de ceux qui méritent le plus d'être étudiés ; tout n'est encore qu'hypothèse dans les fonctions qu'on lui attribue. Depuis long-temps cet organe est regardé comme un annexe du foie, comme son vicaire, pour parler le langage des anciens. Cette idée est fausse, s'ils ont voulu donner à entendre que la rate peut suppléer le foie ; elle est juste, s'ils voulaient faire comprendre qu'en élaborant un sang vei-neux particulier, elle prépare, fournit des matériaux à la sécrétion biliaire. Des connexions nombreuses et as-sez intimes unissent en effet ces deux organes ; l'un et l'autre reçoivent à peu près le même ordre de vaisseaux ; l'espace qui les sépare est rempli par un système vei-neux tout spécial qui les fait communiquer entre eux. Lieutaud observant que la rate est plus grosse quand l'estomac est vide, que lors de sa plénitude, pensait qu'elle servait de diverticulum du sang pour ce viscère, dans l'intervalle des digestions, de manière que pendant ce temps, elle envoyait aussi plus de sang au foie, pour les besoins de sa sécrétion. Selon d'autres, ce sang y était mis en réserve, il contribuait plus tard à alimenter l'exhalation du suc gastrique. Rush, adoptant cette ma-nière de voir, l'étendit encore davantage ; il admet que,

non seulement le sang de l'estomac, mais celui de toutes les parties du corps, déversent leur trop-plein vers
la rate qui devient ainsi un moyen de prévenir des congestions sanguines dans quelques organes, à la suite de
passions violentes, de mouvements rapides, de la course,
par exemple. Est venu ensuite M. *Broussais*, qui a tout-
à-fait généralisé cette idée de diverticulum. Il dit qu'il
en existe à côté de tous les organes un peu importants
et dont les fonctions sont intermittentes. Tels seraient,
indépendamment de la rate à l'égard de l'estomac, le
thymus chez le fœtus, chez l'adulte la thyroïde pour le
poumon. De plus, ce célèbre médecin physiologiste
met sur la même ligne le foie et le système de la veine-
porte. Il regarde celui-ci comme étant destiné à recevoir
le sang dans tous les cas où il survient quelque retard,
quelque arrêt dans la circulation, et comme étant capable d'imprimer à ce liquide une nouvelle impulsion. Ce
dernier usage que M. Broussais fait remplir au système
de la veine-porte est entièrement gratuit. On ne voit pas
où ce système prendrait cette nouvelle force d'impulsion, quel serait l'agent moteur de cette circulation
spéciale.

Tel est l'état de la science sur la rate et ses dépen-
dances. Toutes ces théories, quelque ingénieuses qu'elles soient, ne sont que des conjectures qui ne nous ap-
prennent pas quelles sont les fonctions de ce viscère,
fonctions qui ne lui sont communes avec nul autre ; et
c'est précisément ce qu'il importe le plus de connaître,
car on sent bien que ce n'est pas définir ses fonctions
que de le considérer comme un diverticulum. Ce mot a
un sens trop étendu, trop général, qui peut s'appliquer à
tous les organes indistinctement, parce qu'il n'en est
point qui n'éprouve momentanément des embarras dans
sa circulation, et dont le sang ne soit par conséquent
obligé de refluer sur ceux des organes qui lui donnent

plus librement accès. S'il est vrai que le tissu éminemment spongieux de la rate se prête beaucoup à cette pénétration, cet effet est au moins aussi marqué dans le tissu cellulaire. La multiplication de ses vaisseaux capillaires, son extensibilité le rendent accessible à une quantité considérable de sang.

Du reste, que la rate soit ou ne soit pas un diverticulum du sang, la question des usages qui sont propres à ce viscère reste toujours la même, c'est-à-dire, indécise.

Au risque de remplacer une hypothèse par une autre, j'exposerai quelques considérations sur la manière dont on peut envisager son action. S'il fallait motiver l'utilité de ces considérations, je dirais que l'histoire de la rate se rattache trop à celle du foie, pour qu'on ne puisse pas raisonnablement espérer que, de l'étude séparée de chacun d'eux, ne doive jaillir quelque lumière sur leurs fonctions respectives.

On sait que la rate est en communication avec le foie par ses vaisseaux sanguins et absorbants, et qu'elle appartient ainsi au système digestif, principalement en fournissant des matériaux à la sécrétion biliaire ; la veine splenique à elle seule est presque aussi grosse que toutes les veines réunies de l'intestin ; de sorte que pour sa part on peut estimer qu'elle forme la moitié du tronc veineux désigné sous le nom de veine-porte. Le sang qu'elle charrie est d'une nature toute particulière ; il a déjà les caractères huileux de la bile , et paraît composé de débris organiques. D'où viennent les éléments d'un tel sang, par quels canaux afférents sont-ils apportés à la rate, c'est ce que je me propose d'examiner. Ce point une fois débattu, on pourra préjuger quelles sont les fonctions de cet organe dans l'économie digestive.

Quelque soin que l'on mette à rechercher l'ordre de vaisseaux qui vient alimenter la rate, on ne trouve que l'artère splénique qui est très-volumineuse comparativement à l'organe auquel elle se rend. Le sang qu'elle lui apporte serait-il différent de celui des autres tissus ? en un mot, le sang artériel est-il ou n'est-il pas partout identique ? faut-il admettre avec Dumas que chaque organe reçoit un sang spécial, quoiqu'on ne puisse saisir et indiquer en quoi consistent ses qualités (1).

Déjà, avant cet auteur, on avait avancé que le sang qui se ramifie aux parties supérieures du corps était pénétré de plus d'air, d'oxigène, de calorique, et était par-là même plus apte à fournir des liquides écumeux et légers, tandis que le sang qui se distribue aux parties inférieures étant plus chargé de carbone et d'huile, était aussi plus propre à former la bile, l'urine et les sucs graisseux de l'intestin (2) ; c'est cette dernière idée que je viens reproduire avec quelques faits de plus à son appui.

D'abord, je ne vois pas ce qu'il pourrait y avoir de déraisonnable, d'antiphysiologique, à admettre que dans le cœur s'effectue la séparation du sang en deux portions, à mesure qu'il revient du poumon. Le cœur peut fort bien n'avoir pas que le seul usage de se contracter sur le sang, afin de le faire arriver à tous les organes, mais il peut encore exercer une action particulière sur ce liquide et qui aurait pour but prochain cette séparation.

Les colonnes charnues que l'on remarque dans ses

---

(1) Nous dirons plus bas ce que nous pensons de cette opinion et de celle toute opposée de Legallois.

(2) Quelque soit la manière dont on envisage cette explication, il n'est pas moins constant qu'il n'y a aucune comparaison à établir entre ces dernières liqueurs, et les sucs muqueux et salivaire, par exemple, considérés les uns les autres dans leurs propriétés respectives. Or cette différence implique contradiction si, comme on le professe, le sang des parties inférieures était identique avec celui des parties supérieures.

cavités me paraissent plutôt susceptibles d'opérer cette division que propres à rendre plus parfait le mélange du sang. Ces brides, ces sortes de cloisons dans l'intérieur du cœur peuvent servir à isoler telle portion du sang d'avec telle autre. Que l'on ouvre sur un animal vivant le ventricule gauche où ces colonnes charnues sont plus nombreuses, plus étendues, et on remarquera qu'il est partagé en plusieurs petites cavités.

C'est même, si l'on y réfléchit, plutôt à cette disposition qu'aux circonstances anatomiques du trou de Botal qu'il peut se faire chez le fœtus que deux sangs différents (1), l'un artériel et l'autre veineux, pénètrent au même moment dans l'oreillette droite sans se mêler, et prennent ensuite un cours opposé; on suppose que ces liquides, pendant le temps qu'ils sont en présence, circulent accolés l'un à l'autre; et cependant toujours distincts, comme deux rivières venant à se rencontrer, marchent long-temps l'une à côté de l'autre avant que de confondre leurs eaux. Pourquoi la même chose n'aurait-elle pas lieu chez l'adulte, à l'égard du sang artériel à sa sortie du cœur; je ne vois rien d'impossible à ce que ce sang séparé en deux portions, l'une plus pure, plus aérée, plus légère, ne se place à gauche dans l'aorte, et, qu'arrivée au sommet de la crosse, elle ne s'enfile directement dans ses trois divisions principales, d'où elle vient ensuite animer les parties supérieures du corps; tandis que l'autre recélant des débris organiques, plus pesante, remonte à droite dans ce vaisseau et de là se précipite dans l'aorte abdominale d'où elle se répand aux parties inférieures. Ce dernier sang, en se distribuant aux différents organes sécréteurs qui se trouvent sur son passage, s'y dépouillerait de quelques-uns de ses

(1) Celui que rapporte d'une part la veine cave supérieure et de l'autre celui de la veine ombilicale, par la veine ascendante.

principes, et même, par l'effet de la soustraction successive des matériaux qui lui sont étrangers, ce liquide, au moment où il va se répartir dans les membres inférieurs, ne serait pas différent de celui qui est porté dans les autres parties de l'économie. Ce sang artériel, de qualité moindre, dériverait principalement du chyle nouvellement transformé en sang, qui n'aurait subi qu'une fois l'hématôse; ce ne serait qu'à la seconde fois qu'il pourrait être propre à aller vivifier les organes les plus importants, entr'autres le cerveau.

Voulant m'assurer si deux liquides différents peuvent pénétrer en même temps dans un même vaisseau, le parcourir dans une partie de sa longueur, sans se mêler, j'ai fait l'expérience suivante : si, immédiatement après avoir fait mourir d'hémorrhagie un animal, on pousse avec force dans les cavités gauches du cœur et dans le système artériel deux matières d'injection à la fois, de couleur et de consistance différentes, l'une plus légère, teinte en bleu, l'autre moins fluide, colorée en rouge; sitôt que le refroidissement du corps a eu lieu, on peut, en ouvrant le cœur et l'aorte, constater que ces deux liquides ne sont pas confondus, mais sont accolés l'un à côté de l'autre. La matière colorée en bleu est à gauche dans ces organes et s'est principalement répandue dans les parties supérieures à l'intérieur du crâne, tandis que l'autre matière rouge se trouve à droite et occupe l'aorte abdominale et les artères des membres inférieurs. Mais on conçoit que cet ordre peut être entièrement interverti, selon que l'on aura placé à droite ou à gauche la seringue contenant l'une ou l'autre injection.

Je sais que l'on peut objecter que, dans cette expérience, l'action vitale du cœur n'est pas représentée, et que celle-ci a pour but d'opérer le mélange du sang ; mais comme cette idée est tout-à-fait conjecturale, n'est appuyée sur aucun fait, il me sera permis, jusqu'à ce qu'il soit bien prouvé que le mélange a lieu, de le mettre en doute, et d'adopter l'opinion contraire qui me semble plus physiologique, en même temps qu'elle est plus en rapport avec les lois physiques.

Cela posé, la division du sang admise, on voit que le foie, la rate, l'intestin, et en général presque tous les viscères de l'abdomen reçoivent un sang, je ne dirai pas moins nutritif, mais moins pur, moins homogène, et qui est précisément ce qu'il faut pour la sécrétion de leurs liquides. Aussi le sang veineux qui part de ces organes a-t-il des qualités différentes de celui que ramènent au cœur les autres parties du corps; il est plus gras, plus huileux, ses caractères physiques sont partout les mêmes, qu'il soit fourni par la rate ou par l'intestin. Pourquoi donc cette différence? L'identité du sang de la veine-porte prouve l'analogie de fonction de ces organes, comme émonctoires de l'économie et surtout du produit de la digestion. Il est cependant une remarque à faire, c'est que chez ceux de ces appareils qui sécrètent des liqueurs actives, excrémentitielles, le sang qui en revient est, par l'effet même de cette sécrétion, propre à se mêler aussitôt à la masse commune du sang veineux; celui que transmettent dans la veine cave inférieure les veines hépatiques et rénales est, dans ce cas, tandis que le sang que la rate renvoie, nullement dépouillé de ses éléments inorganiques, ne doit pas retourner en ligne droite au cœur; il faut auparavant qu'il fasse partie du sang de la veine-porte, qu'il gagne le foie et y laisse les matériaux de bile qu'il contient. C'est ici le lieu d'examiner si le sang artériel est partout identique. Dumas dit qu'il diffère dans chaque organe; Legallois, avec la plupart des physiologistes modernes, prétend au contraire qu'il est constamment le même dans tout le système artériel. D'abord il serait

bon de fixer le sens que l'on attache au mot *identique.*
Veut-on simplement exprimer que le sang artériel, de
quelque endroit qu'il soit extrait, présente les mêmes
caractères physiques, la même composition à l'analyse
chimique, qu'il est partout apte à reconstituer les tissus,
à les nourrir ; tout le monde est d'accord sur ce point ;
ou bien par cette désignation veut-on faire entendre que
certains éléments qui composent ce liquide sont en tous
lieux les mêmes et dans le même rapport de proportion,
sans pouvoir être en plus grande quantité dans telle
partie que dans telle autre ? Je traiterai cette question
sous ce double point de vue.

La ressemblance des caractères physiques et chimiques du sang n'est pas une preuve de son identité. On
trouve dans le sang veineux les mêmes principes com-
posants que dans le sang artériel. Dire, avec Legallois,
en faveur de cette identité, que du cœur aux extrémités
dernières des artères le sang ne se dépouille d'aucuns
éléments, ne fait aucune perte, qu'il n'y a pendant son
trajet dans ces vaisseaux aucune transsudation réelle,
aucune absorption de sa partie aqueuse, est un fait vrai,
mais qui n'exclut pas l'idée que j'ai admise de la division
du sang en deux portions, et s'effectuant dans l'intérieur
du cœur. La rapidité avec laquelle ces deux espèces de
sang s'échappent de ce viscère et circulent dans l'aorte,
empêche tout mélange entre eux. Ce partage du sang en
deux colonnes une fois fait, dont l'une pour les parties
supérieures, et l'autre pour les inférieures, le sang de
chacune arrive-t-il le même aux dernières extrémités
artérielles ? A cette dernière question je répondrai que
s'il est vrai que dans son cours il ne fait aucune perte,
ni aucune acquisition, si les vaisseaux dans lesquels il
circule ne sont que des tuyaux de transport, ne lui font
éprouver aucune élaboration, rien ne s'oppose cependant à ce que telle portion de ce sang plus chargée de

certains principes que telle autre, ne s'engage de préférence dans tel ou tel vaisseau, n'y soit attirée pour ainsi dire par une sorte d'attraction de l'organe auquel elle se rend, c'est de cette manière que l'on peut expliquer l'opinion de Dumas qui dit que le sang artériel est différent dans chaque appareil sécréteur. Du reste, c'est ainsi que l'entendait Legallois lui-même, ou bien on peut penser que lorsqu'il traite du sang veineux, il revient sur ce qu'il a émis de trop exclusif, sur l'identité du sang artériel, considérant que celui-ci n'est que *modifié* lorsqu'il retourne au cœur et qu'il a servi à la nutrition, il dit positivement que comme le sang artériel a fourni en chaque organe des *matériaux divers*, il a dû être changé en beaucoup de *sangs veineux différents*.

Les considérations que nous venons de présenter nous permettent maintenant de donner une idée des fonctions de la rate, du système de la veine-porte et en général des viscères de l'abdomen qui élaborent un sang veineux particulier, plus noir, plus huileux; on voit qu'elles n'ont d'autre fin que de procurer l'élimination de certains principes entraînés dans le sang avec le chyle et qui s'y trouvent encore associés, même après l'hématôse. Ce sont ces matériaux ou bien ces débris inorganiques qui se retrouvent dans le sang de la veine-porte, et qu'elle transmet au foie en alimentant sa sécrétion. Aussi, chez le fœtus, où les fonctions digestives ne s'exercent pas, ces différents organes sont trèspeu actifs; le foie même, à cette époque, n'est si considérable que parce qu'il fait l'office du poumon; tout ce qui chez lui est relatif à la sécrétion biliaire est loin de présenter le même développement.

Pour ce qui est des usages propres de la rate, de son action spéciale, on peut dire qu'elle n'est qu'un organe de circulation pour le sang le plus prochain de la digestion, et sur lequel même elle n'a presque d'autre effet que de le convertir en sang veineux d'artériel qu'il était.

Le volume considérable de l'artère splénique, son origine au tronc cœliaque (opisto-gastrique), à l'entrée de l'aorte dans l'abdomen, sa distribution dans un tissu spongieux font de la rate un des premiers et principaux centres de fluxion pour le sang immédiatement après sa sortie du cœur.

La rate n'est pas tellement importante qu'on ne puisse sans danger en faire l'extraction. Cette ablation est presque sans résultat sur la digestion. M. Dupuytren, qui l'a enlevée sur plus de quarante chiens, s'assura qu'il n'y avait rien de changé dans la circulation abdominale. La bile lui parut seulement un peu plus épaissie, sans que le foie fût plus gros. Malpighi dit que la sécrétion urinaire en est augmentée.

Au défaut de la rate, les organes digestifs, au moyen des artères nombreuses qu'ils reçoivent, sont chargés à eux seuls d'envoyer au foie les matériaux qui doivent fournir la bile ; comme ils agissent les uns et les antres sur le même sang, il n'y a aucun changement dans la composition du sang de la veine-porte.

Le rein étant également lié à la digestion, quoique déjà d'une manière éloignée, j'appellerai un moment l'attention sur ce viscère ; ses fonctions ont beaucoup de rapport avec celles du foie, comme étant l'un et l'autre organes sécréteurs, et séparant un liquide qui sert à la crase du sang ; tous les deux forment des appareils distincts, d'une organisation particulière, et dont le produit de sécrétion est aussi tout différent. Cependant cela n'empêche pas qu'il n'y ait entre eux plusieurs points de contact, de l'analogie dans leurs manières d'agir sur l'économie ; aussi les comparè-je dans leur étude. Si le foie est un organe unique qui ne ressemble qu'à lui-même, le rein n'a pour pendant que son congénère ; aussi importants l'un que l'autre, ils se rapprochent singulièrement par

leurs fonctions. Tous les deux, dans des temps différents, s'occupent de l'épuration des produits de la digestion; c'est de cette source qu'ils tirent chacun leurs
éléments de sécretion; l'un, le foie, en dépouillant le
chyle et le sang de la veine-porte des matériaux de bile
qui sont apportés avec la nutrition, de manière que ces
fluides n'arrivent au poumon que déjà élaborés; l'autre,
le rein, lorsque l'hématôse a eu lieu, en s'exerçant sur
ce sang nouvellement fabriqué, presque immédiatement
à sa sortie du cœur, de telle sorte que ce que le système hépatique n'a pu extraire, ou a laissé échapper,
est de nouveau repris par le système rénal, qui se l'approprie et en compose sa sécrétion. La proximité du
cœur de l'artère émulgente, sa grosseur excessive comparée au volume de l'organe auquel elle se rend, la
large communication entre eux des différents vaisseaux
de ce viscère, font de cet appareil comme de la rate un
centre de fluxion, pour la masse du sang qui émane de
la digestion et qui a besoin encore d'être épurée; en
vertu d'une force attractive qui est propre à chaque organe et par laquelle il puise dans le sang ce qui convient
à son exhalation. Le rein appelle à lui la partie de ce sang
qui est chargée soit de débris organiques, soit de matériaux étrangers aspirés avec le chyle dans l'intestin, et
qui n'ont point été éliminés par le foie, à leur passage
dans son parenchyme. Aussi l'énergie sécrétoire du rein
n'est jamais plus grande qu'au moment de la digestion.
Si l'on considère la quantité vraiment prodigieuse d'u-
rine qu'il sépare à cette époque, il faut que de ce qui
compose l'aliment, c'est-à-dire le chyle, les trois cin-
quièmes au moins soient détournés de la nutrition et
employés à la formation de l'urine.

Haller estimait que la huitième partie de tout le sang
du corps parvenait à cet organe et subissait son action.
La promptitude avec laquelle les boissons sont rendues

(on me permettra cette digression en raison de l'enchaînement de fonction que j'ai dit exister entre le rein et le foie) avait fait même penser qu'indépendamment de la voie du torrent circulatoire, il y avait encore une communication directe de l'estomac et de l'intestin à la vessie, soit par des vaisseaux, soit par la transsudation des boissons à travers les parois digestives, de sorte qu'elles cheminaient vers la vessie au moyen du tissu cellulaire intermédiaire.

Mais l'anatomie n'a point démontré qu'il existât de semblables vaisseaux, et les lois de la physiologie s'opposent à ce qu'on croie à la transmission à travers les aréoles du tissu lamineux. Gmelin et Tiedmann qui ont fait plusieurs expériences à ce sujet, n'ont toujours obtenu que des résultats négatifs, quelque soin qu'ils aient apporté dans ces recherches. Il n'y a donc que la voie de la circulation qui peut transmettre au système rénal les matériaux qui fournissent l'urine. Comme ce liquide d'excrétion tire son origine en grande partie du sang qui s'est reconstitué par le chyle, on conçoit que ses principes seront, comme ceux de la bile, très-variables, à raison de la différence que présente l'aliment dans sa composition et qui est loin d'être toujours la même.

D'un autre côté, le foie, de même que le rein, ne remplit aucun usage local, et la liqueur qu'il extrait est toute excrémentitielle et relative à la dépuration du sang et à la décomposition du corps. La bile, aussi bien que l'urine, ne peut séjourner sans danger dans l'économie ; l'épanchement de l'un et de l'autre de ces liquides dans la cavité du péritoine est presque toujours mortel ; comme tous les autres *excreta* ils donnent lieu à des accidents plus ou moins graves, lorsqu'ils se détournent de leur cours habituel et ne sont pas rejetés promptement au dehors.

CHAPITRE IV.

SOMMAIRE. *La bile est sécrétée bien avant la naissance. — Quel rapport a-t-elle alors avec la digestion ? — Cette fonction existe-t-elle, à vrai dire, chez le fœtus ? — Comment expliquer la présence de la bile dans l'intestin, à cette époque ? —Ses usages sont invariables et non susceptibles de changer aux différents âges de la vie.—Ce qui compose le méconium.*

Si l'on ne s'est pas trompé sur les usages de la bile relativement au rôle qu'on la suppose remplir dans la chylification, comment se fait-il que, dès le cinquième mois de la vie fœtale, cette liqueur arrive déjà dans le duodénum ; pourquoi cette disposition ? ce ne peut être pour l'accomplissement de la digestion, puisque cette fonction n'existe pas encore, à moins qu'on ne veuille considérer comme telle l'absorption qui tour à tour a lieu de l'humeur de la vésicule ombilicale, puis de l'eau de l'amnios, selon certains physiologistes, entre autres Boerrhaave, et enfin d'après M. Geoffroy St.-Hilaire, de la matière visqueuse qui se trouve sécrétée en abondance dans l'estomac et l'intestin, sous l'influence de l'excitation qu'y produit la bile. Il n'est point de mon sujet d'entrer dans le détail de ces hypothèses, de peser les raisons pour et contre chacune d'elles. Sans vouloir rien préjuger de leur degré de valeur, d'après l'autorité des noms qui militent pour elles, je m'en tiens à les rapporter ; toutefois j'observerai que si l'une ou l'autre de ces suppositions venait à être reconnue vraie, encore serait-ce consécutivement à une nutrition quelconque se faisant dans le canal digestif que l'on pourrait expliquer la sécrétion de la bile, et cette manière de voir, loin d'infirmer mon opinion, la fortifierait.

Je me permettrai une seule remarque à l'occasion de ces moyens d'existence du fœtus. L'absorption successive de ces diverses liqueurs, encore qu'elle n'est pas bien prouvée, ne me présente pas l'idée que l'on doit attacher au mot digestion, fonction qui, à mes yeux, ne peut commencer à s'établir qu'avec la vie extra-utérine, lorsque l'aliment qui nourrit est tiré du dehors. Je sais fort bien que pour étayer l'idée contraire, on ne manque pas de dire que l'on a rencontré du chyle dans les vaisseaux du mésentère. Mais ne peut-il pas se faire qu'en raison de la ressemblance de leurs caractères physiques, on ait pris pour du chyle ce qui n'était que de la lymphe, comme du reste le ferait assez pressentir le grand développement du système absorbant lymphatique à cette époque. Voici comment s'exprime à ce sujet M. Magendie : « Quelques personnes disent avoir vu du chyle dans le canal thorachique du fœtus. Je n'ai jamais rien aperçu de semblable sur les animaux vivants. Ce canal et les lymphatiques contiennent un fluide qui paraît être analogue à la lymphe, et qui se coagule spontanément comme elle. » L'autorité d'un tel physiologiste n'est pas peu pour décider une semblable question. C'est pour cela que j'ai cru devoir rapporter ici son opinion.

Dès-lors si la sécrétion biliaire est chez le fœtus bien antérieure à la digestion proprement dite, son but d'utilité n'est pas uniquement de présider, de coopérer à la chylification, et son appel dans l'intestin ne tient point seulement à cette cause, on doit lui rechercher un autre usage non susceptible de varier suivant les différents âges de la vie. Le foie en séparant la bile ne fait en tout temps que soustraire de l'économie des principes qui lui seraient contraires, sans que ce liquide ait jamais une destination ultérieure. Mais, objectera-t-on, si vous reconnaissez qu'il ne se fait point de digestion chez le fœtus, comment accorderez-vous la formation de la bile sans le concours de cette fonction qui selon vous doit toujours la précéder, fournissant les matériaux nécessaires à cette sécrétion. Cette contradiction n'est qu'apparente et réside toute dans les termes. Substituons au mot digestion celui de nutrition qui dans ce cas a le même sens, quoique d'une acception plus étendue, et les conséquences restent les mêmes. En effet, peu importe la manière dont l'enfant se nourrit dans le sein de sa mère, que ses principes réparateurs ne viennent point de lui, ne soient point élaborés dans ses organes digestifs, mais qu'ils lui soient transmis tout préparés; cela ne change rien aux fonctions du foie qui s'empare de ces principes, les épure comme il le fait chez l'adulte : seulement c'est la veine ombilicale qui les lui apporte, tandis que plus tard ce sont les vaisseaux lactés et la veine-porte qui s'en chargent. Le sang que charrie la veine ombilicale, quoique artériel, n'est cependant pas assez pur pour se distribuer immédiatement dans les organes si délicats du fœtus; en parcourant les vaisseaux utérins et ceux du placenta, il a perdu de ses qualités vivifiantes, il a pris quelques-uns des caractères du sang veineux, est devenu plus gras, plus huileux, s'est chargé d'hydrogène et de carbone dont il doit se débarrasser en traversant le foie qui se comporte à son égard à la manière du poumon. On voit qu'à cette époque comme aux autres âges de la vie, la bile n'est simplement qu'un produit d'excrétion, et que l'organe qui la travaille n'agit que comme éliminateur de certains principes nuisibles. Il en est des fonctions du foie chez le fœtus, comme chez l'adulte, elles sont relatives à la dépuration des humeurs de l'abdomen et principalement du sang. Mais on conçoit qu'à la naissance, lorsque la digestion sera bien établie, il devra y avoir une différence dans la quantité et la qualité des matériaux de bile qui afflueront vers cet organe, et consécutivement dans la composition

de ce liquide. Ce ne sera plus un sang artériel qui pour-
voira à cette sécrétion, mais un sang des plus noirs, éminemment veineux, ayant déjà les caractères de la bile.

On ne peut se lasser d'admirer cette prévoyante disposition de la nature, d'avoir placé au milieu des nombreux viscères que renferme la cavité abdominale, là où
la vie organique d'assimilation est très étendue, un
appareil qui, des débris, du surplus de la nutrition trouve
à composer la liqueur qu'il sécrète.

Ne peut-on pas admettre aussi que l'arrivée, la présence
de la bile dans l'intestin, dès la vie intrà-utérine, ont cet
avantage inappréciable de disposer, d'habituer par degrés
les voies digestives à recevoir le contact des aliments qui ne
manquerait pas de les exciter au point de les enflammer, si
elles n'y étaient préparées long-temps d'avance. On est
d'autant plus porté à le croire qu'à mesure que le fœtus
approche du moment de sa naissance, la bile acquiert aussi
des propriétés plus actives, se colore, devient plus amère.
En même temps qu'elle est rendue plus acrimonieuse,
elle sollicite, éveille davantage les contractions de l'intestin et procure ainsi la sortie du méconium. Au sujet
de ce liquide, n'est ce pas encore le fluide biliaire qui,
chez l'enfant nouveau-né, le constitue en grande partie?
Le méconium est regardé par tous les physiologistes,
comme le résidu de l'élaboration organique. Pourquoi,
à la naissance, la bile changerait-elle de destination?
Pourquoi cesserait-on de l'envisager comme un produit
excrémentitiel? Serait-ce, lorsque par ses éléments de
composition, elle devient plus active, plus irritante,
qu'elle finirait son rôle éliminatif, pour prendre celui
d'agent principal de la digestion. Une pareille assertion
n'est pas admissible, et cependant on la professe encore
tous les jours sans s'apercevoir du contre sens physiologique que l'on établit, tant il est vrai que l'habitude
exclut la réflexion. Selon moi, la seule différence qui

existera pour ce résidu organique, c'est qu'après la vie intrà-utérine il sera moins rapproché, séjournant moins long-temps dans le canal digestif, n'atteindra pas une teinte verdâtre ou d'un noir foncé, mais la couleur jaune qui distingue la bile dont il retiendra le nom, au lieu de celui de méconium qu'il portait d'abord (1).

En examinant la composition du méconium, on trouve qu'il est formé des mêmes principes que la bile; qu'il ne se teint en jaune, et que sa couleur ne devient progressivement plus marquée, comme l'ont observé Lobstein et Meckel, qu'à mesure que la bile est sécrétée, et acquiert elle-même les caractères qui lui sont propres. M. Portal dit positivement dans son ouvrage des maladies du foie, que le méconium n'est pas autre chose que la bile qui a pris une couleur noire très foncée dans la vésicule du fiel. (Page 148.)

Soumis à l'analyse, ce résidu organique n'a fourni également à Vauquelin que de la bile mêlée au mucus intestinal, et quelques poils soyeux attribués à la présence de l'eau de l'amnios. Comme on n'a jamais prétendu, que je sache, que le méconium fût utile au premier travail de chylification, chez l'enfant nouveau-né, qu'on pense au contraire qu'il peut lui nuire, s'il n'est promptement rejeté, je ne vois pas pourquoi et comment, en changeant de nom pour prendre celui de bile, il acquerrait des qualités qu'il n'avait pas, et deviendrait par la suite la condition essentielle d'une fonction à laquelle il serait demeuré primitivement étranger; et lorsque, surtout, ses propriétés rendues plus actives, en font une liqueur plus acrimonieuse et des plus excrémentitielles. Je ne com-

(1) Ce qui prouve que le méconium n'est autre chose que de la bile, c'est que chez les enfants qui ne le rendent pas peu de temps après leur naissance, tous les phénomènes de l'ictère se produisent.

prends pas comment on peut à la fois concilier l'analogie de composition que l'on dit exister entre ces deux liquides qui ne diffèrent que de nom, suivant les âges de la vie, avec les attributions si opposées qu'on leur assigne à l'une et à l'autre époque...... je le répète, il serait bon qu'on expliquât comment la bile qui à l'état de méconium était destinée à être entièrement rejetée de l'économie, devient à la naissance en partie recrémentitielle, en partie excrémentitielle. Qu'on nous dise quels sont les nouveaux principes qui s'y ajoutent, en changent, en modifient singulièrement l'âcreté et la rendent propre à l'assimilation organique? Avant cela, nous persisterons à la considérer dans tous les temps comme un produit tout excrémentiel.

CHAPITRE V.

Sommaire : *Il y a des animaux qui n'ont pas de foie : un fait de ce genre s'est présenté chez l'homme. — Du foie à l'état élémentaire. — Cet organe est très-développé dans les animaux inférieurs. Et pourquoi. — Un mot sur le tempérament désigné sous le nom de bilieux. — Quelle idée doit-on se former de l'hypertrophie du foie communément appelé foie gras.*

Si la bile est réellement indispensable pour que la chylification ait lieu, comment expliquer la possibilité de ce phénomène chez les animaux qui manquent de l'appareil sécréteur de ce liquide. Quoique en général le nombre de ces animaux soit fort restreint, toujours est-il qu'il en existe, chez lesquels on ne trouve même pas le moindre rudiment de cet organe qui puisse y suppléer d'une manière quelconque, et cependant, malgré cette lacune, la nutrition ne se fait pas moins bien.

Le foie paraît finir avec les mollusques, mais quelle

différence dans sa manière d'être avec ce qu'il est chez les vertébrés. Son sang ne lui vient plus d'un système veineux spécial, aussi la rate manque-t-elle. C'est de l'aorte qu'il reçoit à la fois celui qui est nécessaire à sa nutrition et à sa sécrétion ; à défaut de la veine-porte les vaisseaux lactés, dont l'existence est constante avec la sienne, lui transmettent encore des matériaux pour la formation de la bile. Mais ce liquide diffère essentiellement de ce qu'il est dans les animaux supérieurs. On ne trouve plus de vésicule du fiel. Le canal cholédoque se rencontre assez souvent; néanmoins, dans les gastéropodes, parmi les doris, il présente une division toute particulière; avant de s'engager dans l'estomac, il donne naissance à un autre canal qui se termine au-dehors près de l'anus. Cette disposition, remarque Cuvier, *est assez significative pour faire regarder la bile de ces animaux, comme un fluide entièrement excrémentitiel.* On est étonné que ce naturaliste si distingué ait borné là ses inductions. La plupart des crustacés n'ont que de faibles rudiments du foie semblables à plusieurs petits pancréas, si on les envisage seulement dans leurs formes extérieures. Les vers en manquent ; les insectes n'en ont qu'un supplément encore bien imparfait; les zoophytes n'ont rien qui puisse en tenir lieu, et cependant tous ces animaux inférieurs offrent une grande activité dans leurs fonctions digestives. Dira-t-on pour motiver cet état de choses, que chez eux la présence de la bile n'est pas nécessaire pour opérer la dilution de l'aliment, celui-ci étant constamment le même et d'une nature simple, peu composée ? N'est-ce pas plutôt parce que le produit de la digestion de cet aliment ne contient point d'éléments de bile, qu'il peut de suite aller reconstruire les tissus sans éprouver préalablement l'action d'un organe éliminateur comme est le foie ? Enfin, que devient cette prétendue importance de la bile dans la chylification, si, chez l'homme qui occupe le premier rang parmi les êtres organisés, l'appareil fabricateur de ce liquide peut manquer. Un cas semblable s'est déjà présenté : Lieutaud rapporte dans son histoire anatomique médicale (liv. 1er, pag. 190), une observation de Gaspard Bauhin, ayant pour titre : *Hepar deficiens.* Il y est question d'un sujet dans le corps duquel on ne trouva aucune trace ni du foie, ni de la rate, mais dont les parois des intestins étaient très-épaisses et charnues, et auxquelles aboutissaient des rameaux de la veine-porte. L'authenticité de ce fait ne peut être mise en doute d'après l'observateur qui en témoigne, et celui qui nous l'a transmis. Quoiqu'il soit vrai en général que le foie se rencontre chez presque tous les animaux, même chez ceux d'un ordre assez inférieur, que son existence paraisse liée à celle du canal intestinal, on ne peut en arguer l'utilité du liquide qu'il sécrète, comme devant concourir nécessairement à la digestion. Cette conséquence est loin d'être rigoureuse. Cette corrélation d'existence de ces deux appareils peut aussi bien servir à établir que les fonctions du foie sont consécutives, au lieu d'être causes des phénomènes qui se passent dans l'intestin.

Si maintenant, après cet examen du foie dans les différentes classes d'animaux, nous nous éclairons des lumières que nous fournit l'anatomie comparée, à l'effet de connaître la structure de ce viscère, depuis son état le plus simple, jusqu'à son organisation la plus compliquée, nous voyons que le foie ne constitue d'abord, quelle que soit la classe dans laquelle on l'étudie, qu'un véritable crypte ; sauf le canal excréteur qu'il possède en plus, il en a tous les caractères. Bientôt on voit paraître d'autres granulations qui s'ajoutent au crypte principal, elles sont distinctes, isolées les unes des autres, ce qui les a fait comparer à autant de petits pancréas groupés en forme de grappe. A mesure que l'on avance davantage dans l'échelle animale, on remarque que ces follicules se sont réunis, ne forment plus que deux ou trois corps séparés, qui eux-même finissent par ne plus faire qu'un seul et même organe, et que recouvre alors une enveloppe commune. La marche que suit ce viscère dans son développement est celle de tous les organes improprement dits glanduleux, tels que le thymus, la rate, le rein. Tous ces appareils réduits à leurs éléments primitifs ne sont aussi pas autre chose que des cryptes.

Le nombre et l'ordre des vaisseaux qui se rendent au foie sont très-variables. L'existence et la position de la vésicule du foie ne sont pas non plus constantes. La couleur de la bile et l'aspect du foie présentent aussi des différences suivant les classes d'animaux. Le rapport des lobes, même dans chaque espèce, n'est pas toujours égal.

On croit avoir observé que les sillons d'où partent les vaisseaux, sont d'autant plus profonds que le système hépatique est plus complet. Il n'en est pas de même de son volume qui, au contraire, est plus considérable à mesure que l'on descend l'échelle zoologique; ainsi, proportion gardée, il occupe moins de place dans les mammifères que dans les oiseaux, chez ceux-ci que chez les reptiles, et chez ces derniers que chez les poissons. Dans quelques-uns de ces animaux inférieurs, son volume est si excessif que l'estomac et l'intestin sont enveloppés par le foie qui semble creusé pour les recevoir. A lui seul il forme un bon quart de la masse totale de l'individu. Il serait bien impossible de se rendre compte d'un développement aussi extraordinaire, si l'on ne savait que chez ces animaux la vie organique, d'assimilation constitue presque toute leur existence. Cependant une grande capacité du foie n'est pas un indice de sa perfection relative, son utilité par rapport au liquide qu'il sécrète ne se fait jamais mieux sentir que dans les animaux supérieurs, lorsque les fonctions digestives sont moins simples , que les aliments sont plus variés, plus composés. Le foie est fort actif chez les ruminants, qui exercent sans relâche leur quadruple estomac, et chez les carnassiers, qui se repaissent de substances fortement animalisées. L'énergie de ses fonctions est surtout prédominante chez l'homme. Elle est telle chez certains individus qu'elle sert à établir les principaux caractères de leur tempérament que l'on désigne pour cela sous le nom de *bilieux*. A cette occasion je ferai remarquer que ce n'est pas à raison de leur tempérament, c'est-à-dire de la facilité de la sécrétion biliaire, que ces personnes mangent beaucoup; mais cette circonstance tient plutôt à ce qu'elles digèrent très-promptement et que leur appétit se renouvelle sans cesse. Par suite il n'est pas étonnant que le système hépatique à son tour, toujours incité par l'arrivée continuelle des sucs digestifs (1), sécrète dans une proportion semblable. D'un autre côté, la bile qui est versée abondamment dans l'intestin, devient une cause permanente d'excitation, qui a pour résultat le plus prochain, tout en précipitant la digestion comme *stimulus*, de rendre aussi plus vif le sentiment de la faim. De là encore appel à une nouvelle ingestion d'aliments. C'est ainsi que d'effet qu'elle était primitivement, la bile peut devenir à son tour une cause d'appel vers l'intestin.

Cette corrélation entre les éléments qui fournissent la bile et sa quantité est nécessaire pour prévenir l'obstruction des viscères de l'abdomen, obstruction qui ne manquerait pas d'avoir lieu, si le foie n'avait pas une énergie de sécrétion mesurée sur l'activité

____

(1) On se rappellera que nous avons prouvé que ces sucs , le chyle entre autres , parcourent le foie avant d'arriver au canal thorachique.

des organes digestifs. Mais comme les meilleurs roua-
ges toujours en mouvement finissent par perdre de
leur régularité, de leur précision, et s'enraient ensuite complètement ; de même aussi à la longue le
système hépatique trop exercé est affaibli dans ses
ressorts, se laisse pénétrer, surprendre par les sucs de
la digestion, dont il a ensuite la plus grande peine à se
débarrasser. Insensiblement les organes voisins qui sont
liés avec lui le plus étroitement, partagent cette gêne ;
la circulation de leurs liquides rencontre de jour en jour
de plus grands obstacles, ils s'engorgent, et deviennent
le siège de lésions plus ou moins graves. Cet effet se
remarque chez presque tous les grands mangeurs, qui
mènent une vie sédentaire. Qui ne sait que presque tous,
après avoir présenté une obésité considérable, dépéris-
sent et succombent à des hépatites chroniques, dont le
principal caractère est la dégénérescence lardacée ou
adipocireuse du foie, avec hypertrophie. La manière
dont nous avons expliqué que cette affection se produit
est la seule que l'on puisse donner. C'est si bien le procédé qu'emploie la nature, qu'on ne fait pas autre chose
que de l'imiter en produisant à volonté cette maladie sur
les animaux dont on veut avoir le foie pour sa grosseur :
ces animaux que l'on gorge d'aliments, engraissent d'a-
bord considérablement, mais au bout de quelques jours
ils maigrissent ; leur estomac que l'on ne cesse de remplir outre mesure, se fatigue, la répartition de la nutrition ne se fait plus aussi bien. Des viscères de l'abdomen
le foie est un des premiers à s'engouer, comme étant le
point central où viennent affluer les liquides de la digestion. Bientôt sa sécrétion n'est plus aussi active ; elle ne
suffit plus à l'élimination des sucs nombreux qui lui arrivent et dont la quantité n'a pas diminué. La partie de
ces liquides qui n'est pas employée à la composition de
la bile, se répand dans le parenchyme du foie, le distend

de toutes parts. Cet organe prend un volume vraiment excessif et passe ensuite à l'état gras. Si on l'incise, son tissu offre la même couleur à l'intérieur qu'à l'extérieur, c'est-à-dire, une teinte d'un blanc mat ou d'un blanc un peu fauve; de plus il s'attache au scalpel, cache son brillant par une matière graisseuse adhérente et qui a quelques uns des caractères de la bile. Le mécanisme de cette transformation bien qu'ignoré dans sa nature, ne reconnaît pas d'autre cause que cette surabondance de sucs nutritifs. Tous les jours nous voyons que ces expériences fournissent constamment les mêmes résultats. Il en est du foie comme des autres viscères qui, tous, sans exception, sous l'influence de certaines conditions, affectent plus particulièrement dans leurs maladies un genre de lésion qu'un autre, sans qu'on sache à quoi tient cette préférence; car si l'on conçoit bien qu'à raison d'une excitation et d'une nutrition trop abondante, le foie atteigne des dimensions prodigieuses au point de tripler de volume, on ne s'explique pas aussi facilement comment s'effectue son passage à l'état gras, pourquoi cette terminaison a lieu plutôt qu'une autre. On sait seulement que les conditions les plus favorables à cet état consistent dans une alimentation copieuse avec le repos le plus absolu.

De ces diverses considérations physiologiques, il résulte que le foie n'appartient point exclusivement à la digestion, puisqu'il existe des animaux qui n'ont même pas le plus petit rudiment de ce viscère et qui cependant ne laissent pas que d'assimiler les aliments. De même nous avons vu que chez ceux où il se montre constant, il reste encore en dehors de cette fonction, ou n'y figure que comme organe très-secondaire. Ainsi il est à remarquer que la bile avec laquelle il est sensé agir, vient précisément du lieu où la chylification s'opère, c'est-à-dire, que les matériaux qui servent à sa composition tirent leur origine de l'intestin, au moment où celui-ci s'exerce sur la pâte alimentaire et se l'approprie, de telle sorte que la sécrétion biliaire est la conséquence de la digestion, loin d'en être la cause efficiente. D'ailleurs si la bile était réellement indispensable à la séparation du chyle, comme cette fonction constitue principalement l'animalité, ce phénomène ne devrait pouvoir s'exécuter, quelle que soit la classe même la plus inférieure à laquelle appartient l'animal, sans le concours de ce fluide qui en serait alors sans contredit l'agent, la condition *sine quâ non*. Ce fait, posé en thèse générale, n'admettrait aucune exception, car dans ce cas, la digestion deviendrait impossible; or, j'ai fait voir que cette conséquence n'est pas rigoureuse, que cet effet voulu, regardé comme de toute nécessité, ne se produit pas, donc on est fondé à refuser à la bile l'importance qui lui était accordée.

Si maintenant nous examinons les expériences faites sur la digestion, si nous comparons entre eux les résultats obtenus par les différents liquides appartenant à cette fonction et qui y remplissent un rôle, en cherchant de quel côté est l'avantage, nous serons encore étonnés, d'après les idées généralement admises, que la bile se montre la moins efficace, que son action sur la pâte alimentaire passe inaperçue, s'il est vrai qu'elle en ait une.

Je vais m'attacher à donner de ces expériences ce qui a trait à mon sujet; ce sera, il me semble, la meilleure contre-épreuve des raisonnements et inductions physiologiques que j'ai présentés sur le foie.

Dans cet examen, je suivrai l'ordre que garde l'aliment dans son trajet au milieu de l'intestin, en signalant les élaborations successives que lui fait éprouver dans chaque portion du canal digestif le liquide qui s'y rencontre.

CHAPITRE VI.

SOMMAIRE. *De l'aliment dans la cavité buccale, le pharynx, l'œsophage, jusqu'à son entrée dans l'estomac. —Action de la salive et des sucs muqueux de cette portion du tube digestif.*

Pendant le peu de temps que l'aliment séjourne dans la bouche, il subit des modifications importantes dans sa manière d'être. Divisé à l'infini par la mastication, il se prête ensuite plus facilement à l'imprégnation de la salive et des sucs muqueux de cette cavité. En raison de cette double action qui constitue la première élaboration digestive, l'aspect, la composition de l'aliment sont tout-à-fait changés ; quoiqu'on reconnaisse encore les parties qui ont servi à le former, elles ne sont plus dans leur ensemble aussi dissemblables, elles présentent déjà une pâte assez homogène et assez liquide, dont la cohésion diminue et la température devient égale à celle du corps.

L'imprégnation par la salive étant une fois terminée, l'aliment rassemblé en forme de bol glisse sur le plan incliné que figure alors la langue, traverse l'isthme du gosier, s'engage dans le pharynx, qu'il ne fait que parcourir ainsi que l'œsophage ; mais les mucosités abondantes que sécrètent les follicules de ces parties l'enveloppent à son passage, l'invisquent de plus en plus. C'est dans cet état qu'il parvient à l'estomac, où de nouveaux liquides de la même nature viendront s'ajouter à ceux qu'il recèle déjà.

Les changements qu'éprouve l'aliment dans la cavité buccale ne sont pas, comme on le pense, des changements mécaniques consistant simplement dans le ramollissement, la conversion de l'aliment en une pâte molle

qui en rende la déglutition plus facile ; il y a quelque
chose de plus, il s'y produit un commencement d'altération. Si cette transformation de matière est encore
peu marquée, c'est que l'action des sucs qui l'effectuent
n'a pas le temps de se développer complètement pendant le court séjour que fait l'aliment dans cette cavité.
Si on l'y retient plus long - temps que d'habitude, il se
dissout en grande partie, devient très-fluide, et finit
même par représenter une bouillie grisâtre. On sait que
les aliments qui ont été soumis à une mastication, à une
insalivation plus prolongée, plus parfaite, sont aussi
plus promptement chymifiés, et que dans cet état,
lorsqu'ils sont bien imprégnés de salive, si l'on vient à
les rejeter au lieu de les avaler, ils s'aigrissent et se corrompent en peu de temps, ce qui prouve bien qu'ils
sont changés, altérés dans leur composition. Cette première élaboration, quelle qu'elle soit, se fait aux
dépens d'un liquide onctueux, filant, d'origine tout-à-
la-fois muqueuse et glandulaire, qui a la plus grande
analogie avec le suc gastrique, et dont l'action est partant la même, comme je le ferai voir plus bas dans les
expériences comparatives sur chacun des liquides de la
digestion.

CHAPITRE VII.

SOMMAIRE. *De la digestion stomacale. — Des systèmes
inventés pour l'expliquer. — Du suc gastrique, du
lieu, du temps de son exhalation, sa quantité, ses usages, son action dissolvante, même en dehors de l'économie. — Mode de vitalité de l'estomac.*

De nombreuses expériences ont été faites dans le but
de pénétrer ce qui se passe dans l'acte de la digestion,
mais il s'en faut que toutes ces tentatives aient été cou-
ronnées de succès ; à peine même si quelques-unes ont

eu plus que l'intérêt du moment. Néanmoins que de systèmes en sont résultés à l'aide desquels on a cru tour à
tour pouvoir donner la solution de ce grand phénomène
de la nutrition. Je ne rappellerai que ceux qui ont trait
à la trituration, à la coction, à la fermentation, à la
macération et à la putréfaction. Toutes ces comparai-
sons, l'une mécanique, les autres chimiques, manquent
d'exactitude, et quelque analogie qu'on veuille y trouver, avec la manière dont s'opère la digestion, elles ne
peuvent représenter, surtout si on les envisage chacune
séparément, qu'une idée fausse ou au moins bien impar-
faite d'une fonction organique vitale, placée au-dessus
des lois purement physiques.

Je me garderai cependant de placer sur la même ligne
l'action dissolvante du suc gastrique; ce n'est pas comme simple agent chimique que ce liquide a la propriété
de convertir en une pâte homogène les aliments les plus
différents, il y a en lui quelque chose de plus, la vie
l'anime et ajoute à sa vertu. Car les fluides animaux,
aussi bien que les organes, jouissent d'une espèce de
vie qui leur est propre et particulière dans chacun d'eux.
Ainsi la lymphe est habile à recomposer le sang, celui-
ci à reconstruire nos tissus, sans qu'on sache trop comment ils le font. De son côté, le suc gastrique est apte,
à sa manière, à effectuer la chymification. Il suffit de savoir qu'il s'acquitte de cette fonction, sans chercher à
pénétrer ce qu'il n'est pas donné de connaître.

Semblable à tous les autres produits d'exhalation, ce
suc ne peut être isolé dans ses effets de l'organe qui le
fournit. Son influence, comme on le pense bien, est
subordonnée à l'action vitale de l'intestin. C'est à raison
de son mode particulier de sentir et d'être au moment
de la digestion, que l'estomac sécrète un fluide qui devient propre à la dissolution des aliments et par suite à
leur conversion en chyme. Ce phénomène, bien qu'ad-

mirable, considéré en lui-même, n'est cependant pas sans avoir son pareil dans la nature. Il ressemble à toutes les actions du ressort de la vie, dont l'essence nous est inconnue. Il ne surprend pas davantage, pour ne citer qu'un exemple, que l'effet des humeurs de l'œil dans l'acte de la vision (1), où la lumière comme corps étranger finit par s'identifier aux différents milieux qu'elle parcourt, devient propre, après plusieurs combinaisons, à impressionner le centre visuel sans trop l'exciter; mais avant ce résultat que de travaux préliminaires, quelle série d'élaborations les diverses parties de l'appareil oculaire feront subir aux rayons lumineux; il faudra qu'ils passent successivement à travers les humeurs aqueuses, le corps vitré, le cristallin, qui (chacun différemment) modifient ces rayons, les réfractent ou s'en emparent, tempèrent ou soustraient leur vif éclat, avant qu'ils ne frappent la rétine et ne soient perçus du nerf optique. Cette digestion de la lumière, si je puis m'exprimer ainsi, par les milieux plus ou moins consistants de l'œil, n'est pas moins étonnante, si elle ne l'est pas plus, que celle de l'aliment par le suc gastrique,

Si dans cette circonstance on ne peut expliquer le phénomène de la vision, dans l'organe qui l'exécute, sans la participation des liquides qui le composent, et sans le concours d'un excitant extérieur qui est le fluide lumineux. Pareillement dans l'acte de la chymification qui est une opération compliquée, on ne peut séparer l'action de l'estomac sur l'aliment de celle du suc gastrique, et *vice versâ*. Ici l'aliment est le corps étranger

(1) On doit penser que ce n'est point simplement comme appareil d'optique que je considère l'œil; mon intention n'est pas de présenter une nouvelle théorie physique de la vision, j'analyse seulement de ce phénomène l'action intérieure, vitale, des humeurs de l'œil sur les rayons lumineux la manière dont elles se les approprient.

que l'économie va s'approprier; l'estomac est l'organe
auquel cette fonction importante est confiée, et le suc
gastrique le moyen mis à la disposition de ce viscère
pour atteindre ce but. Il ne faut pas croire que la présence de ce liquide soit tout-à-fait superflue, ou au
moins bien accessoire, au contraire tout ce qui pourrait suspendre sa sécrétion serait une cause suffisante
pour empêcher l'accomplissement de la digestion. Il y
remplit un rôle principal en s'interposant entre l'aliment
et la surface intérieure de l'estomac qu'il préserve d'un
contact trop immédiat, et sous ce rapport, comme relativement à ses propriétés dissolvantes, son histoire se
rattache toute entière à celle de la chymification dont
il est presque à lui seul l'agent efficient. Je l'examinerai
sous ces deux points de vue.

On est peu d'accord sur l'origine du suc gastrique ;
suivant les uns, il n'est que de la salive avalée dans l'intervalle des repas et mise en réserve pour la chymification. Suivant d'autres, il provient entièrement de l'estomac et n'est que le produit des sécrétions perspiratoire
et folliculaire de la muqueuse de cet organe; si de la salive s'y trouve mêlée, c'est accidentellement, et elle y
est en très-petite proportion. D'après la ressemblance
de ces fluides entre eux, l'analogie de leurs principes
constitutifs, leur saveur qui est à peu près la même, on
conçoit qu'on ait pu faire quelques méprises à leur égard.
Entre ces deux opinions exclusives, la moyenne approche le plus de la vérité; car s'il est constant que de la
salive se rencontre dans l'estomac, il est bien démontré
aussi qu'il se fait à la surface de ce viscère une exhalation muqueuse qui est très-abondante au moment de la
digestion.

L'opinion qui attribue la chymification de l'aliment à
la présence de la salive déposée dans l'estomac, plutôt
qu'à un liquide particulier sécrété dans cet organe, a

été soutenue de nos jours par de Montègre, physiologiste des plus distingués qui, ne voulant d'abord que réfuter ce qu'il y avait d'exagéré dans les conclusions des expériences de *Spallanzani* au sujet du suc gastrique, est tombé à son tour dans un autre extrême, et est allé jusqu'à récuser l'existence de ce fluide, et par conséquent son action dissolvante; mais il s'en faut que les faits sur lesquels il s'appuie soient des preuves incontestables, quoiqu'au premier coup-d'œil ils paraissent assez concluants. Accordons à de Montègre que, dans l'intervalle des repas, l'estomac ne soit rempli que de la salive avalée à chaque instant et des mucosités de cette portion de l'intestin; qu'il soit vrai que ce physiologiste soit parvenu dans ses expériences sur les animaux, à priver ce viscère de toute espèce de liquides, soit en les absorbant par la magnésie, soit en les pompant au moyen de petites éponges introduites dans la cavité stomacale; que, d'autres fois, cet expérimentateur, en opérant sur lui-même, mettant à profit la faculté qu'il avait de se faire vomir à volonté, ait retiré de son estomac à jeun les divers sucs qu'il contenait, et qu'il ait observé que malgré cela dans ces différentes circonstances les digestions ne s'effectuaient pas moins, on n'en saurait conclure, comme cet auteur l'a fait, que les aliments sont chymifiés sans le secours du suc gastrique, et que ce liquide n'existe pas; car rien n'infirme la possibilité d'une sécrétion qui aurait lieu seulement au moment où l'aliment aborde l'estomac. Rien ne prouve que, consécutivement à l'excitation qu'en reçoit cet organe, il ne se fasse pas instantanément à sa surface un afflux considérable de suc gastrique, et que ce ne soit pas ce suc qui se trouve pénétrer l'aliment, lorsqu'on le rejette après qu'il a séjourné quelque temps dans l'estomac, mais de la salive, comme le prétend de Montègre.

Aux résultats des observations que ce physiologiste a

faites sur lui-même, on peut opposer les expériences du même genre et plus récentes du docteur Pinel, qui possède aussi la faculté de se faire vomir à volonté.

Ce médecin, en expérimentant sur le suc gastrique, a vu qu'à chaque fois qu'il avalait une gorgée d'eau ou une bouchée d'aliment, il faisait arriver dans son estomac un suc particulier dont il a pu obtenir jusqu'à une demi-livre, et qui, analysé par MM. Thénard et Chevreul, a présenté les caractères attribués communément au suc gastrique. Le second de ces chimistes l'a trouvé légèrement acide; du reste, M. Pinel dit que sa saveur est loin d'être constamment la même.

L'existence de ce liquide est donc tout-à-fait hors de doute. La manière dont l'estomac est constitué demande même qu'une semblable exhalation ait lieu à sa surface.

Qu'on réfléchisse un moment au nombre considérable de vaisseaux qui se rendent à ce viscère et par suite à la quantité de sang qu'ils lui apportent, principalement quand il est rempli d'aliments, et l'on ne pourra se refuser à croire qu'une grande partie de ce sang ne soit pas employée à une sécrétion quelconque, ou sans cela cet organe serait suffoqué, ne manquerait pas d'être frappé d'apoplexie presque immédiatement après l'ingestion des substances alimentaires dans sa cavité.

Du reste, c'est un phénomène bien connu et des plus faciles à vérifier, qu'aussitôt le premier éveil de la faim, et surtout si on y satisfait, le suc gastrique qui, il n'y a qu'un instant, se remarquait à peine à la surface de l'estomac, devient tout-à-coup très-abondant, s'y accumule et le remplit presque en entier. On le voit transpirer de toutes parts de la muqueuse et de ses nombreux follicules. Il suffit, pour s'en convaincre, d'ouvrir l'estomac d'un animal aussitôt après lui avoir donné à manger.

De même que l'aliment à son passage et dans son court

séjour dans la bouche, provoque par l'impression qu'il
y fait une sécrétion plus abondante de salive, de même
aussi lorsqu'il arrive dans l'estomac, il devient pour ce
viscère un agent spécial d'excitation et consécutivement
détermine l'afflux du suc gastrique. L'un et l'autre de
ces liquides, quoique provenant de sources différentes,
reconnaissent la même cause dans leur production, ont
à peu près les mêmes usages, agissent simultanément
dans un but commun, tous les deux possèdent presque
les mêmes qualités, et en changent ensemble suivant l'espèce d'aliment qu'ils sont chargés d'imprégner ou de
dissoudre.

Le suc gastrique (et il en est de même de la salive)
est loin d'être identique dans toutes les espèces d'animaux, il ne l'est pas même dans un même individu,
comme l'a très-bien fait observer *Chaussier*; mais il
diffère à chaque repas selon la nourriture que l'on prend;
il est précisément ce qu'il doit être pour en effectuer la
chymification, ce qui ne pourrait avoir lieu s'il était séparé d'avance.

Il est plus ou moins actif, plus ou moins séreux, tantôt acide, tantôt alcalin, cela dépend de la nature de l'a-
liment ingéré. Si celui-ci est peu sapide, s'il est composé
en grande partie de gélatine, de graisse ou d'albumine,
ou en général de substances peu capables par elles-mê-
mes de stimuler l'estomac, le suc gastrique, pour obvier
à l'inertie de ce viscère, sera rendu plus actif. A ses propriétés dissolvantes s'en joindront d'autres qui le ren-
dront excitant; il sera légèrement acide, et alors l'aliment, en s'unissant à ce liquide, en empruntera quelques-uns des caractères qui faciliteront sa digestion.

Cette faculté acidifiante du suc gastrique se remarque
surtout chez l'enfant, à l'égard du lait qui fait la base
principale de sa nourriture. On sait avec quelle promptitude cette liqueur animale, azotée, qui ne contient que

des principes doux, presque sans saveur, se caille et s'aigrit par son mélange avec ce menstrue.

Dans le cas, au contraire, où l'aliment est par lui-même suffisamment irritant pour provoquer les contractions de l'estomac, ce suc n'agit plus alors que comme simple dissolvant; il est fade, visqueux, plus ou moins alcalin, au lieu d'être acide; il verdit légèrement le sirop de violettes et en général toutes les couleurs bleues végétales. On contestera, je n'en doute pas, que je puisse établir d'une manière aussi positive les caractères de ce liquide dans ces diverses circonstances; alléguant d'abord la difficulté qu'il y a de s'en procurer au moment de la digestion, et de plus l'impossibilité où l'on est de l'isoler parfaitement de l'aliment qui lui-même peut recéler encore quelques particules alcalines, et, dans ce cas, en imposer sur le succès de l'expérience. Mais je ferai observer que lorsque j'ai voulu constater les propriétés du suc gastrique, soit comme acide, soit comme alcalin, j'ai toujours agi sur ce fluide lorsque j'étais sûr qu'il était pur, nullement mélangé, tel que peut le fournir un animal pris à jeun, et dont on aurait excité l'appétit par la présence des mets et en les lui faisant flairer. Il suffit qu'il les convoite, les désire, pour qu'aussitôt l'exhalation gastrique commence à s'effectuer, et, ce qu'il y a de remarquable, c'est que le liquide qui en résulte est, par une sorte de prévision de la nature, précisément celui qui convient au genre d'aliment que l'estomac va recevoir (ce fait est également applicable à l'homme). En général, le suc gastrique m'a paru avoir des caractères opposés à ceux du stimulus qui en avait provoqué la sécrétion (1).

(1) Je connais un médecin de mes amis qui ne peut supporter l'odeur fade, douceâtre des hôpitaux, ni voir un cadavre en état de dissection, ou la surface d'une plaie suppurante, sans qu'aussitôt il soit incommodé par l'abondante sécrétion d'une

Ainsi s'explique pourquoi certaines substances fortes, et principalement les acides assez concentrés, déterminent à leur seule approche des organes digestifs une exhalation d'un mucus visqueux des plus douceâtres.

Pour moi, j'ai souvent éprouvé, étant à jeun, à la simple odeur du vinaigre, une salivation des plus abondantes, filante, d'une saveur fade, presque nauséeuse, se comportant à la manière d'un alcali avec les couleurs bleues végétales ; et si je ne m'empressais de remplir l'estomac, j'étais pris de vomissements d'un liquide également visqueux, ayant la plus grande analogie avec la salive et se conduisant de même avec les mêmes réactifs. Ce ne pouvait être que du mucus contenu dans l'estomac, du suc gastrique, enfin, que la même cause y avait fait affluer. La continuité de la muqueuse buccale à celle de l'intestin, les rapports de sympathie qui les unissent, rendent très-bien compte de cette simultanéité de fonctions dans des organes déjà distants l'un de l'autre. J'ajouterai que cet état de malaise, cette fadeur dans la région de l'estomac, que l'on désigne vulgairement sous le nom impropre de maux de cœur, ne cessaient chaque fois qu'au moment où je prenais des aliments, lesquels avaient besoin d'être relevés, de haut goût, si je voulais mettre promptement fin à ces accidents.

Qui ne sait que plusieurs personnes, surtout celles d'un tempérament lymphatique et dont les sécrétions muqueuses sont fort actives, rejettent à leur réveil une grande quantité de matières glaireuses, contre lesquelles elles ne trouvent pas de meilleur remède que le vin, l'eau-de-vie et les liqueurs aromatiques.

De ces faits il résulte que le suc gastrique et la salive

salive tellement salée, âcre, qu'elle l'oblige, pendant tout le temps qu'il reste sous l'une ou l'autre de ces influences, à une expuition presque continuelle.

ont constamment, entre eux, la plus grande ressemblance dans leur composition, de telle sorte qu'on peut présumer, par les qualités de l'un, qu'elles seront les qualités de l'autre. On peut en dire autant du fluide que fournit la glande salivaire abdominale, le pancréas, ce fluide est tantôt acide, tantôt alcalin ; voilà pourquoi Sylvius trouvait qu'il était acide, tandis qu'au contraire, Frédéric Hoffmann, Boërrhaave pensaient qu'il était alcalin.

On voit aussi que ces liquides sont tout-à-fait sous l'influence nerveuse, puisque les organes qui les secrétent en modifient les qualités, les propriétés chimiques, suivant l'impression qu'ils reçoivent eux-mêmes de l'aliment, et il demeure prouvé que ces propriétés sont constamment dans un rapport inverse de celles que possède cet aliment.

Je me trouve donc encore en opposition avec ce que les auteurs même les plus modernes ont écrit sur ces deux liquides, et notamment sur le suc gastrique, qu'ils regardent comme empruntant du produit de la digestion quelques-uns de ses principes constitutifs, en même temps qu'il en conserve les saveurs.

C'est le contraire qui a lieu, et en cela cette disposition n'a rien qui doive étonner, elle est conforme à ce qui se passe le plus généralement dans l'économie, où la loi des contrastes est le plus en vigueur. Presque tous les organes approprient, différencient leur sécrétion, suivant la manière dont ils sont affectés par leur stimulus, et le plus souvent de façon à en neutraliser les effets. C'est même sur cette connaissance que le médecin fonde ses moyens curatifs, et qu'il s'appuie dans l'usage si varié qu'il fait des agents thérapeutiques. Produire un état opposé à celui qui existe, voici, dans la généralité des cas, le but que l'on veut atteindre par une médication quelconque. *Contraria contrariis curantur.* (Hipp.)

Le suc gastrique, loin d'être toujours le même, est

susceptible, parfois, d'acquérir des propriétés tellement
actives, qu'il paraît agir comme un véritable caustique,
et parvient à corroder et détruire les substances les plus
réfractaires aux forces digestives, telles que le fer, l'acier,
enfin tous les métaux qui ne pourraient sans danger séjourner long-temps dans l'estomac.

En général on peut poser en principe que l'énergie
dissolvante de ce suc se règle d'après les résistances
qu'il éprouve, soit de la part de l'aliment, soit de la part
d'un corps étranger. Ce principe n'est pas moins vrai que
celui qui veut que la puissance de ce liquide soit précisément en raison inverse de la force musculaire des parois de l'estomac.

La quantité du suc gastrique est plus que suffisante
aux besoins de la chymification, en supposant même que
la pâte alimentaire n'eût pas été imprégnée par la salive;
ce qui donne à penser que le suc gastrique n'a pas que ce
seul usage, mais qu'il est encore destiné à garantir, en les
lubréfiant, les parois de l'estomac contre le contact trop
immédiat des aliments qui aurait eu pour effet de les sur-
exciter.

Cette précaution de la nature était indispensable, en
ce qu'elle constitue une des premières conditions de la
digestion. Et en voici la raison. Ce qui compose l'aliment
est formé de substances prises au-dehors, étrangères à
l'économie, toutes plus ou moins excitantes, et qui, en
touchant l'estomac, provoqueraient certainement son
inflammation, si cet organe n'était préalablement disposé
à les recevoir, et ne se trouvait recouvert d'un liquide
filant, onctueux, propre à émousser le premier choc, la
première impression de ces substances, sur les villosités
de l'intestin. Que cette espèce de mucilage qui abrite
des parties aussi sensibles vienne à manquer, bientôt
heurtées et froissées en tous sens, ces papilles vont développer des phénomènes nerveux très-intenses, et par

contré-coup, la digestion sera sensiblement altérée, si elle n'est pas nulle, car je doute que dans cette circonstance elle puisse se faire. L'estomac, dès l'arrivée des premières bouchées d'aliments dans sa cavité, se soulèverait, les rejetterait, ou bien se resserrerait tellement sur lui-même, qu'il s'opposerait à une nouvelle introduction.

Un usage que l'on ne peut contester au suc gastrique est celui qui a trait spécialement à la conversion chymeuse. La nécessité de ce suc dans la chymification est bien démontrée par cette expérience de Brodie, rapportée dans les transactions philosophiques, année 1814, où, en même temps qu'on fait voir que la sécrétion des sucs gastriques est sous la dépendance des nerfs de la huitième paire, il y est dit que, chez les animaux dont on avait coupé les nerfs *pneumo-gastriques*, l'estomac au lieu d'être rempli d'un liquide muqueux et séreux abondant, était sec, enflammé, et conséquemment la digestion était devenue impossible, tandis que chez ceux où cette section n'avait pas eu lieu, l'aliment au bout de quelques heures était dissous, réduit en une substance homogène, pultacée.

L'action dissolvante du suc gastrique ressort manifestement des expériences de Spallanzani, à part ce qu'elles ont d'exagéré dans les conclusions qu'en tire cet auteur. Elles établissent d'une manière irrécusable la part active que ce liquide remplit dans la chymification.

Son énergie est telle qu'on parvient à obtenir, même en dehors de l'économie, une ébauche assez complète de cette fonction, en mettant dans des vases inertes du suc gastrique avec des substances alimentaires; et si alors on a soin de tenir le tout à une température douce et uniforme, telle que celle de certaines parties du corps, l'aisselle par exemple, au bout de quelque temps, quinze heures, deux jours au plus, on remarque une altération sensible parmi ces substances, elles ressemblent à une bouillie grisâtre, homogène, qui a tout l'aspect du chyme. Cette digestion artificielle, quoique bien éloignée de représenter celle qui est naturelle, prouve cependant, telle qu'elle est, beaucoup en faveur de l'action dissolvante du suc gastrique.

On ne manquera pas, il est vrai, de faire observer que la salive, dans les mêmes conditions, se comporte de même, mise en contact avec l'aliment. Mais que peut-on, que doit-on conclure de ce fait? Une seule chose : c'est que des liquides qui ont des résultats égaux, parfaitement identiques, doivent être entièrement semblables dans leur composition. C'est aussi ce que l'analyse de ces liquides a prouvé.

L'action du suc gastrique sur les aliments n'est pas passive, il ne se répand pas sur eux comme le ferait un corps gras, ou bien à la manière de l'albumine, mais il les pénètre, les fluidifie, se combine avec eux, en altère profondément la nature, et en change la composition intime au point de les rendre méconnaissables. Aidé de l'estomac qui n'est pas un receptacle inerte, mais qui, au contraire, prend une part très-directe à ce travail, ce liquide, en se mêlant à l'aliment, forme des diverses parties qui s'y trouvent un tout, une pâte homogène, dont les qualités sont même différentes de ce qu'elles étaient avant ce mélange; quoiqu'il soit vrai que l'action du suc gastrique est la même pour toutes les substances alimentaires, on aurait tort de penser qu'elle est aussi efficace à l'égard de chacune d'elles; celles-ci ne sont pas non plus toutes également digestibles, il y a entre elles des degrés dans leur faculté digestive, leur facilité à être dissoute, d'après les éléments qui les composent. Aussi sont-elles plus ou moins promptement transformées en chyme; il en est qui sont tout-à-fait réfractaires et sur lesquelles ce suc ne peut s'exercer d'aucune manière.

Parmi les substances propres à la nutrition, les unes sont sur-le-champ attaquées par ce dissolvant, et changées presque aussitôt en pulpe; les autres, celles qui contiennent un plus grand nombre de molécules nutritives, quoique souvent sous un plus petit volume, ont besoin d'un temps plus long pour être complètement chymifiées. Aussi arrive-t-il que, dans leur sortie de l'estomac, elles ne suivent point l'ordre dans lequel elles y sont entrées, que celui-ci même se trouve entièrement interverti.

De ces diverses substances qui composent l'aliment, ce qui ne peut servir à l'assimilation organique est immédiatement séparé, ne fait que passer dans l'intestin sans éprouver la moindre altération; certaines parties des végétaux, leurs grains, sont dans ce cas, elles sont le plus souvent rendues intactes. Des autres substances capables de nourrir, ce sont les viandes et surtout les viandes noires, qui, mettant plus de temps à être chymifiées, abandonnent moins promptement l'estomac et parcourent avec plus de lenteur le canal digestif.

Une chose remarquable dans la chymification c'est que le suc gastrique pénètre au milieu de la masse alimentaire, va chercher parmi les nombreuses parties qui la composent, celles d'entre-elles qui doivent plus particulièrement subir son action, et de profondes qu'elles étaient il les amène à la superficie. Que ce choix, ce triage soit l'effet d'une véritable attraction organique, ou le résultat des secousses, des oscillations imprimées par le mouvement péristaltique, peu importe l'explication, c'est le fait qui doit être signalé. Cependant c'est toujours en allant de la circonférence au centre et par couches successives que ce dissolvant par excellence les attaque et les convertit en pulpe les unes après les autres.

Le chyme une fois formé se reconnaît à sa couleur grisâtre, à sa consistance visqueuse, demi-fluide, il se

détache de l'aliment au fur et à mesure qu'il est produit
et n'attend pas pour franchir le pylore que toute la pâte
alimentaire soit chymifiée. Ces intervalles constituent les
différents temps de la digestion stomacale. Pendant tout
le temps que dure cette transformation, l'estomac ne
reste pas en repos, il se contracte d'une manière continue
presse en tout sens la pâte chymeuse, et après un mouvement de péristole qui la pousse alternativement de la
portion splénique à la portion hépatique, et de celle-ci
à la première, il la fait remonter vers l'orifice pylorique
dont il finit par vaincre la résistance.

Une fois arrivé dans le duodénum, le bol chymeux va
être soumis à la double action de la bile et du suc pancréatique. L'étude de cette action sera l'objet du chapitre
suivant. Les détails dans lesquels je suis entré au sujet
du suc gastrique, pourront paraître un peu longs, mais
je tenais à faire apprécier dans toute sa valeur l'influence
qu'il exerce dans la digestion, afin que plus tard on puisse
la comparer avec les résultats que donneront les autres
sucs digestifs.

En terminant ce qui a trait au suc gastrique, j'insisterai
pour qu'on ne perde pas de vue qu'à lui seul il s'est
montré suffisant pour opérer le changement de l'aliment,
quelque composé qu'il soit, en une matière homogène
que l'on désigne sous le nom de chyme.

Selon l'ordre dans lequel se succèdent ces liquides,
nous allons voir maintenant si la bile effectuera la séparation du chyle d'une manière aussi ostensible ; si elle se
tiendra à la hauteur du rôle qu'on lui assigne comme
agent de la chylification.

CHAPITRE VIII.

SOMMAIRE. *De la digestion dans le duodénum. — De l'action de la bile et du suc pancréatique. Ce qui explique la présence de ces liquides dans l'intestin. — Comparaison de la bile avec les autres produits d'excrétion. — Que veut-on faire entendre lorsqu'on dit qu'un liquide est la condition, l'agent d'une fonction? La bile est-elle dans ce cas, à l'égard de la chylification? Se retrouve-t-elle dans le chyle? — De la bile considérée à-la-fois comme excrémentitielle et récrémentitielle. — En quoi consiste le changement qu'elle imprime à l'aliment. —De l'action des sucs muqueux de l'intestin.*

En pénétrant dans le duodénum, le chyme est enveloppé aussitôt des mucosités de l'intestin, et dans son premier trajet jusqu'à l'endroit où s'ouvrent les canaux biliaire et pancréatique, il n'est pas différent de ce qu'il était dans l'estomac ; mais une fois arrosé par les liquides que versent sur lui à son passage ces canaux excréteurs, sa couleur change en même temps que ses propriétés, si l'on en croit les auteurs. En quoi consistent donc cette action de la bile et du suc pancréatique, la modification qu'ils apportent dans la nature de l'aliment ? c'est ce que je vais examiner.

Si l'on ouvre le ventre d'un animal trois heures après qu'il a mangé, quand on suppose que les aliments entièrement chymifiés, sont passés de l'estomac dans le duodénum et par conséquent se trouvent en présence de la bile et du suc pancréatique, on remarque que la pâte chymeuse offre peu de changements notables dans sa manière d'être ; à cela près de la couleur jaune et de la saveur amère que lui communique le premier de ces li-

quides, elle n'est pas différente de ce qu'elle était avant
de traverser le pylore. Sa consistance, sa composition
restent les mêmes. Ce résultat n'aurait rien qui doive
étonner si le suc pancréatique seul pénétrait le chyme.
Ce suc étant parfaitement identique avec le fluide gastrique et la salive, on concevrait qu'il dût absolument
se comporter comme eux; mais la bile qui en est tout-à-
fait distincte et par ses caractères physiques et par ses
propriétés, comment ne manifeste-t-elle pas son action
d'une manière toute spéciale? D'après les idées admises
sur son efficacité dans la chylification, ne devait-on pas
s'attendre à des modifications importantes de sa part,
telles, par exemple, que l'aliment aurait été rendu méconnaissable de ce qu'il était avant d'être descendu dans
le duodénum, tandis au contraire qu'il en sort ni plus
ni moins altéré et sans qu'aucune trace bien évidente
de chyle indique qu'il se soit fait en lui une nouvelle
transformation de matière? Dans cette circonstance, la
bile, bien loin de témoigner de sa puissance et de sa supériorité sur les autres sucs digestifs, se place encore
au-dessous d'eux, puisque, excepté sa couleur qu'elle
donne au chyme, elle ne lui fait éprouver aucune élaboration intérieure qui en change la composition intime,
comme cela a lieu dans la bouche et dans l'estomac, sous
l'influence des sucs salivaire et gastrique. Elle ne s'in-
corpore point à l'aliment de manière à en faire partie,
mais se répand sur lui, le pénètre par une sorte d'imbibition, semblable à un corps gras, huileux; enfin son
action n'est point organisatrice, si je puis parler ainsi,
car il est de sa nature, comme nous le verrons plus bas,
de ne pouvoir être assimilée.

Mais, dira-t-on, si ce liquide demeure étranger à la
digestion, pourquoi afflue-t-il précisément dans l'intestin au moment de cette fonction et même en quantité
considérable? D'abord il est douteux que cela se passe

ainsi. M. Magendie prétend même que l'excrétion de la bile se fait d'une manière continue et jamais plus abondamment dans un temps que dans un autre (1). Admettons, ce qui me paraît du reste plus probable, que le temps de la digestion est le plus propice à l'écoulement de la bile dans l'intestin ; que peut-on en conclure? quelle corrélation existe-t-il entre ce fait et la conséquence que l'on en tire : que le fluide biliaire est indispensable pour opérer la chylification? J'ai peine à l'apercevoir. Dans l'intervalle des digestions, la bile reflue et s'amasse dans la poche cystique; là, mise en dépôt, elle n'attend que l'occasion favorable pour s'échapper de ses réservoirs, et cette occasion se présente chaque fois que l'estomac se remplit et se contracte sur l'aliment qu'il contient. Pendant son séjour dans la vésicule, ce liquide devient plus amer, beaucoup plus épais, d'une couleur plus foncée. Si la bile affecte une marche rétrograde, se dévie du cours qui semble le plus naturel, pour remonter contre son propre poids, c'est qu'elle rencontre des obstacles à son libre accès dans l'intestin. La position profonde de la vésicule biliaire encadrée, pour ainsi dire, dans le foie, la direction presque horizontale de ses canaux excréteurs, la construction intérieure, toute spéciale de ces conduits qui sont partagés par des espèces de bandelettes en forme de spirale, sont loin d'être avantageuses à l'écoulement d'une liqueur très-épaisse et visqueuse comme l'est la bile; il faut toutes les succussions de l'estomac, les contractions de l'intestin, pour faire disparaître ces difficultés; tous ces grands mouvements successifs qui se produisent

(1) Ayant mis à découvert le canal cholédoque sur des chiens, il a vu la bile tomber goutte à goutte et continuellement, il estime qu'elle peut sourdre de l'orifice de ce canal deux fois par minute à peu près.

pendant la digestion , retentissent de proche en proche vers le paneréas et le foie. En procurant le dégorgement, et notamment celui des conduits biliaires, le chyme , une fois arrivé dans le duodénum , en passant sur l'orifice du canal commun, est encore une cause directe d'excitation pour ces conduits. Cette irritation se transmet par continuité de tissu à la vésicule du foie qui se contracte à son tour et chasse la bile qu'elle contient. Ainsi s'explique la rencontre simultanée de ce liquide et du suc pancréatique dans l'intestin au moment de la digestion qui devient , comme on le voit, le temps le plus favorable à cette double excrétion. Mais cette conjoncture ne prouve point que le fluide biliaire soit indispensable à la chylification ; rien dans cet exposé des circonstances qui procurent son expulsion , n'indique qu'il va désormais jouer un rôle important, qu'à son action spéciale se rattacheront les phénomènes digestifs subséquents. Aussi les auteurs qui ont conclu de son utilité par sa présence me semblent avoir été dominés par cette seule idée : qu'il fallait lui reconnaître un usage , et que s'il n'avait pas celui d'être l'agent efficient de la digestion, on eût été fort embarrassé de lui en assigner un autre. Quoi qu'il en soit, leur opinion est si peu arrêtée et surtout si mal fondée sur la valeur dont ils gratifient ce liquide, qu'il n'est pas rare de les voir plus tard se contredire. Ainsi, par exemple, ils nous rapportent qu'il se présente des cas où l'écoulement de la bile peut être momentanément empêché par l'obstruction de ses canaux excréteurs, sans qu'il en résulte cependant des altérations bien sensibles dans la nutrition, tandis que celle-ci devrait être immédiatement suspendue, si les choses se passaient comme ils le disent.

L'ouverture du canal cholédoque dans l'intestin duodénum , de laquelle on s'autorise pour établir l'importance de la bile, n'est pas, avons-nous vu, une disposition constante, puisqu'il est des animaux inférieurs chez lesquels ce canal excréteur s'ouvre près de l'anus. Ce qui fait regarder la bile de ces animaux comme un excrément.

Si, en avançant davantage dans l'échelle des êtres, l'appareil biliaire, à mesure qu'il devient plus parfait, s'éloigne, il est vrai, de plus en plus, de ce type primitif, si le produit de la sécrétion n'est plus, comme tout-à-l'heure, immédiatement amené au dehors et doit au contraire parcourir toute la longueur du tube intestinal avant d'être rejeté ; si ses canaux excréteurs s'abouchent dans l'intérieur d'un autre viscère, au lieu de se terminer tout près, ou au moins à une très-petite distance d'un orifice externe, cutané, comme le sont ceux des autres appareils d'excrétion, est-ce une raison pour que l'organe dans lequel on signale cette exception, le foie, cesse d'être une voie d'élimination, et pour que la bile qu'il sécrète, naguère excrémentitielle, devienne maintenant l'agent principal de la chylification? Qu'y a-t-il donc de changé dans sa nature ? d'où lui viennent ses propriétés nouvelles? sa composition n'est-elle plus la même ? est-elle moins épaisse et surtout moins acrimonieuse ? Rien de semblable n'est survenu. Qu'ont donc de commun l'excrétion de la bile et la chylification ? Quels sont les points de contact qui réunissent ces deux fonctions et les font concourir à un but unique, la recomposition organique? Je reviendrai à une comparaison que j'ai déjà faite du foie avec le rein, je demanderai si l'urine ne devrait être considérée comme un liquide de pure excrétion, qu'autant que ses éléments seront peu actifs, que l'organe qui la sépare sera peu développé ; mais sitôt qu'il se compliquera, qu'il ne sera plus représenté par une seule poche commune qui sert de cloaque, qu'il formera un appareil distinct, ayant un canal excréteur, mais ne s'ouvrant pas directement à la peau, et sitôt que les principes de l'urine seront plus mordants et en plus grande quantité, le rein avec ses annexes cesserait son rôle, comme émonctoire puissant de l'économie, au moment où plus que jamais ses sécrétions dépuratoires importent au maintien de la santé ? Une semblable opinion se réfute assez d'elle-même sans qu'on ait besoin d'en démontrer la fausseté ; cependant est-on mieux fondé à vouloir que la bile qui est supposée excrémentitielle chez les animaux inférieurs, perde ce caractère chez ceux d'un ordre plus élevé, et cela parce qu'elle n'est pas immédiatement conduite au-dehors par les canaux excréteurs ; car on n'en donne pas d'autre raison. Pour nous, nous ne ferons aucune différence entre la bile et l'urine : nous les placerons tout-à-fait sur la même ligne, en les considérant l'une et l'autre comme des produits de décomposition organique, et même si nous avions à nous prononcer à l'effet d'indiquer celle de ces deux liqueurs qui par la nature de ses éléments constitutifs, réunit le plus les caractères de l'excrément, nous nommerions la bile.

Mais quel ne doit pas être notre étonnement, lorsque les qualités âcres du fluide biliaire sont précisément, à en croire certains physiologistes, ce qui lui assure une grande influence dans la digestion. Ainsi, parce que ce fluide est éminemment actif, il convient surtout pour opérer la chylification. Il en est l'âme, la condition *sine quâ non*.

Qu'on y prenne garde, en adoptant cette manière de voir relativement à la bile, en reconnaissant qu'elle doit à ses propriétés excitantes de jouer un rôle, il faut en accepter toutes les conséquences, non seulement pour ce qui concerne cette humeur, mais encore pour toutes celles qui, comme elle, sont de pure excrétion : ainsi les matériaux de l'urine, de la sueur, pourront être resorbés sans danger, et arriver à tous les organes par le

système circulatoire, sans leur porter la moindre atteinte; leurs fonctions même en seraient activées. Car
si vous admettez que la bile est l'agent de la chylification, vous reconnaissez qu'elle se mêle aux substances
alimentaires, s'identifie avec elles, effectue la séparation du chyle, s'unit à lui, en fait partie, et devient de
cette manière, propre à recomposer le sang. Qu'entend-
on, en effet, lorsqu'on exprime qu'un liquide est la condition efficiente d'une fonction? Quel sens attache-t-on
à ce mot? Si ce n'est que la totalité, ou une quantité
quelque petite qu'elle soit de ce liquide, est employée à
faire subir une transformation quelconque à la substance
mise en contact avec elle, de manière à la constituer,
à ne faire plus qu'un seul et même tout? C'est ce qui arrive, lorsque les sucs salivaire et gastrique ont imprégné
et chymifié l'aliment, ils en deviennent partie consti-
tuante, mais en même temps ils lui impriment des caractères particuliers, au point qu'ils l'ont rendu tout-à-
fait méconnaissable de ce qu'il était d'abord.

En est-il de même de l'action de la bile à l'égard du
chyme dont on suppose qu'elle extrait l'élément nutritif?
Que constatons-nous de ses effets? Si l'on excepte sa
couleur, le chyme n'est pas différent dans l'intestin de
sa manière d'être dans l'estomac, aucune élaboration
nouvelle, du moins apparente, ne peut y être signalée.
Pour ce qui est de la bile, elle semble plus spécialement
s'attacher au détritus de la digestion; elle s'y rencontre
en aussi grande quantité qu'elle est sécrétée. Cependant
une portion quelconque de ce liquide devrait en être distraite pour les besoins de la chylification, si tant est
qu'il l'effectue, et par conséquent devrait se retrouver
dans le chyle; il s'en faut qu'un résultat semblable justifie cette théorie. Le plus scrupuleux examen ne peut
y faire découvrir la moindre trace de bile, pas plus
qu'aucune combinaison chimique ne vient en déceler

la présence par une légère teinte jaune. Le chyle n'en contiendrait que la partie la plus subtile, une fraction des plus ténues serait employée, un centième, un millième de partie, qu'elle n'échapperait pas à l'action des réactifs, tant les caractères de ce liquide ressortent facilement. On ne peut s'attendre à voir dans l'état normal la moindre parcelle de bile dans le chyle, quoiqu'on ait soin de le recueillir le plus près possible de l'intestin, à son point de départ, et par conséquent lorsqu'il n'a pas encore eu le temps de se dépouiller de quelques-uns de ses principes. Toutefois, comme les auteurs avaient remarqué que le fluide biliaire se retrouvait en grande quantité dans le fécès qu'il colore en jaune, ils avaient soin de dire qu'il était à la fois récrémentitiel et excrémentitiel; pensant éluder par ce moyen terme toutes les objections, lorsqu'il ne fait qu'embarrasser la question, loin de la résoudre. Car en supposant que cette liqueur puisse avoir ce double caractère, qui serait chargé d'opérer la division de ces propriétés opposées dans l'intestin duodénum? Y a-t-on bien réfléchi? est-il rationnel de penser qu'il existe dans l'économie une humeur susceptible de reconstruire les organes d'une part, de les altérer et de les détruire de l'autre : tel est le non-sens d'une pareille association de mots.

Mais, dira-t-on, si la bile ne sert pas à la digestion, quel peut être son usage? comment alors accorder sa présence dans l'intestin au moment que s'exécute cette fonction? ne nuira-t-elle pas à son accomplissement? A cette objection je répondrai par un autre fait, sans vouloir m'expliquer pourquoi la nature procède ainsi : à côté des fonctions d'hématose, ne se passe-t-il pas dans le même organe, le poumon, et dans le même temps, des phénomènes d'excrétion? l'air expiré n'est-il pas un produit excrémentitiel, et son élimination de l'économie n'est-elle pas concomitante avec la sanguification? Sans contribuer à la séparation du chyle, la bile peut fort bien, à l'égard de l'intestin, remplir un rôle secondaire, en sollicitant le mouvement péristaltique ; il peut se faire aussi qu'elle ait pour but de rassembler les parties étrangères à la nutrition, dont elle fait un tout qu'elle amène au dehors et qui constitue les fécès. Cela est d'autant plus probable, que, dans le cas où l'excrétion de la bile est empêchée ou presque nulle, ou lorsque ce liquide est peu riche en partie extractive, les fonctions d'exonération se font avec la plus grande lenteur, la constipation est des plus opiniâtres ; les matières, au lieu d'être jaunes, sont grisâtres, dures et peu liées entre elles. En résumé, tout porte donc à penser que ce que l'on a dit de l'importance de la bile dans l'acte de la chylification, est tout-à fait illusoire. La connaissance de cette particularité, savoir, l'excrétion de cette liqueur au passage de l'aliment dans le duodénum, ne peut rien faire préjuger sous le rapport de ses qualités chylifères. L'écoulement de la bile, aussi bien que celui du suc pancréatique, est favorisé par le mouvement péristaltique de l'intestin, au moment de la digestion ; mais il s'en faut que de là on puisse conclure, parce que ces liquides sont versés dans le même temps, que l'un et l'autre ont les mêmes attributions et qu'ils sont chargés dans une mesure à peu près égale d'effectuer la chylification. Rien ne prouve surtout que si l'un d'eux doit l'emporter sur l'autre, avoir une sorte de préséance, cette supériorité doive revenir à celui que ses propriétés rendent plus excitant. Je m'élève donc contre toute idée de concordance d'action entre des liquides si dissemblables. Chacun d'eux ne peut avoir qu'une manière d'agir à part.

Si quelquefois, d'après la remarque de M. Magendie, on aperçoit à la surface du chyme, des stries blanchâtres, des filaments irréguliers, et que l'on regarde comme du chyle brut, ce n'est pas à la bile qu'on doit rapporter ce phénomène. D'ailleurs, cet effet n'est pas toujours constant; il n'a lieu que lorsque l'aliment composé de substances animales et végétales, contient de la graisse et de l'huile. Dans tous les autres cas, on voit seulement une couche plus ou moins épaisse, grisâtre, apparaître sur le chyme, adhérer ensuite à la membrane muqueuse, où viennent puiser les vaisseaux chylifères. Et ce qui fait voir dans tout son jour que ce n'est point à la présence du fluide biliaire qu'est dû le chyle brut, c'est qu'il se montre aussi bien dans l'estomac que dans l'intestin.

Relativement à l'absorption du chyle, je ferai observer que la bile se montre peu avantageuse à l'action attractive des vaisseaux lactés. Comme elle se répand sur l'aliment à la manière d'un corps gras, elle en aurait l'inconvénient, celui d'empêcher l'absorption du liquide placé dessous, si les bouches aspirantes de ces vaisseaux ne plongeaient au milieu de la pâte chymeuse et n'en pompaient le chyle. Ces vaisseaux absorbants (qu'on me permette cette digression) ont quelque ressemblance avec les vaisseaux sanguins des tissus érectiles ; ils se dressent, s'alongent, et par là deviennent aptes à saisir. Déjà Lieberkun a signalé cette disposition ; il dit positivement, à l'occasion de la communication immédiate des chylifères avec l'intestin, de leurs orifices libres, ouverts à la surface des viscosités intestinales, que les radicules de ces vaisseaux consistent en de petites ampoules érectiles. Bichat les compare à des suçoirs. A cette particularité ajoutons que les contractions de l'intestin favorisent singulièrement cette espèce d'intus-susception, en rapprochant de l'orifice des absorbants l'aliment qui, pressé de toutes parts, laisse plus facilement atteindre ses molécules nutritives.

En définitive, on ne peut rien saisir de la mutation qu'éprouve le chyme quand il se convertit en chyle. Ce

changement, qui constitue l'essence de la chylification,
ne se dessine par aucun trait extérieur. Dans le duodénum et dans toute la longueur du canal digestif, on ne
peut découvrir en quoi consiste cette élaboration de matière, mais tout porte à croire qu'elle est fort analogue
à celle qui s'effectue dans l'estomac; seulement dans la
chymification nous étions plus avancés : pour celle-ci
au moins, il était évident que le suc gastrique remplissait
un rôle principal, comme dissolvant, tandis que nous
ignorons quelles causes, quels liquides opèrent dans l'intestin plus particulièrement cette nouvelle transformation. Aussi que de systèmes, que de conjectures hasardées pour expliquer le phénomène de la chylification;
que de moyens, que d'agents divers ont été supposés en
être exclusivement la condition efficiente. Haller voulait
que les sucs perspiratoire et muqueux de l'intestin qui
sont très-abondants, et dont il évaluait la quantité à huit
livres par jour, continuassent pour la chylification ce
que le suc gastrique avait fait pour la chymification.
Cette opinion établie sur la ressemblance, l'identité parfaite de ces liquides, sur le peu de différence que présente
la pâte chymeuse envisagée dans l'intestin ou dans l'estomac, a pour elle de fortes présomptions. Il est bien
entendu que, dans cette manière de voir, on tient compte
de la vitalité de l'intestin, du mode d'action des nerfs
qui s'y distribuent; mais on ne doit pas croire avec certains physiologistes, que ces nerfs soient les seuls agents
de la chylification. D'autres auteurs ont prétendu que
la chaleur un peu élevée de l'appareil digestif pendant
cette fonction et le mouvement péristaltique suffisaient
pour cette transformation. Enfin la plupart des physiologistes et des médecins pensent que les sucs pancréatique et biliaire sont chargés spécialement de ce travail,
parce que, disent-ils, les vaisseaux absorbants chylifères
ne se montrent qu'à partir de l'endroit où ces liquides

sont versés dans le duodénum (cette disposition anatomique ne me semble pas bien prouvée), c'est ce que je démontrerai plus bas.

Tels sont les divers agents auxquels on a rapporté tour à tour l'élaboration du chyme, sa conversion en un produit nouveau. La vérité est : que chacun d'eux n'y est point étranger, qu'il exerce une influence plus ou moins marquée, y contribue pour sa part, mais dans une proportion donnée et d'une manière différente, relative à l'énergie dont ils sont doués, et il s'en faut de beaucoup, pour ce qui concerne son action particulière, que la bile occupe le haut rang qu'on lui assigne, qu'elle soit de tous les agents le plus efficace, enfin la condition essentielle pour obtenir la séparation du chyle; elle n'y est au contraire que très-accessoire, puisque tout son rôle, avons nous vu, se borne à stimuler l'intestin et à faciliter la sortie du détritus alimentaire qu'elle compose en partie.

Si l'on est fondé à concéder une priorité d'importance à quelques uns de ces agents, ce sera avec bien plus de raison à ceux de ces liquides, les sucs pancréatique, pespiratoire et muqueux, qui par l'analogie de leur composition et par leurs qualités dissolvantes, se rapprochent le plus des sucs salivaire et gastrique auxquels nous avons attribué une part des plus grandes dans les actes précédents de la digestion. Leur ressemblance avec ces sucs fait supposer naturellement un même mode d'agir, et explique pourquoi la transformation nouvelle qui constitue la chylification est si peu différente de celle qui avait pour but la chymification.

CHAPITRE IX.

Expériences sur la digestion en dehors de l'économie et sur l'animal vivant.

En admettant l'hypothèse que la bile joue un des

principaux rôles dans la séparation du chyle, le moyen le plus sûr que l'on a de s'en assurer, est de mettre en parallèle les expériences faites sur les différents liquides de la digestion, et de les comparer ensuite dans leurs effets respectifs.

Si la bile est réellement essentielle dans cette fonction, que ne doit-on pas attendre des essais de chylification artificielle tentés avec un agent regardé comme si puissant; ils devront surpasser de beaucoup les résultats obtenus par le suc gastrique dans de pareilles expériences sur la chymification; ils ne peuvent leur être inférieurs. Si le contraire arrive, cependant, je demanderai ce que devient cette importance que l'on revendique pour le fluide biliaire, et dès lors de quelle manière se manifeste sa préséance sur les autres sucs digestifs?

On sait que Spallanzani est parvenu, à l'aide du suc gastrique, à produire en dehors de l'économie, dans des vases inertes, si non des digestions complètes, au moins des ébauches assez concluantes de cette fonction. Que de semblables phénomènes aient lieu, si l'on emploie de la salive au lieu de suc gastrique, comme l'a constaté en 1812, de Montègre, voulant réfuter la théorie de Spallanzani, cela n'a rien qui doive surprendre. L'identité d'action de ces liquides est une conséquence voulue de leur parfaite analogie; il en serait encore de même, si l'on opérait avec une quantité suffisante de mucus intestinal, ou de suc pancréatique; mais que voyons-nous, si on soumet la bile aux mêmes épreuves? Rien qui approche de ce résultat. Quelle altération notable imprime-t-elle à l'aliment qui reçoit son contact? Que se passe-t-il qui décéle de sa part un travail, une élaboration quelconque, et quel moyen avons-nous de la reconnaître?

Quoi qu'il en soit, j'exposerai les expériences faites sur le suc gastrique, la salive, le fluide pancréatique, et le mucus intestinal d'une part, et celle sur la bile, del'autre. On pourra ainsi apprécier plus facilement à sa juste valeur la part respective que chacun de ces liquides prend à l'acte de la digestion.

Expérience 1ʳᵉ. Réaumur et Spallanzani, expérimentant sur le suc gastrique, dont ils voulaient constater l'existence, ont vu que des aliments renfermés dans des boules creuses métalliques, percées de petits trous, et introduits de cette manière dans la cavité de l'estomac, étaient digérés comme s'ils eussent été libres.

Expérience 2ᵉ. Si l'on introduit encore, d'après le procédé de Spallanzani, dans de petits tubes de verre, contenant du suc gastrique, rendu légèrement acide, des aliments préalablement bien triturés, et si l'on a le soin de tenir ces tubes à une température toujours égale de 32° qui remplace exactement la chaleur de l'estomac, soit qu'on les place sous l'aisselle, soit qu'on les expose à l'action douce et calculée d'une petite lampe à esprit de vin, on voit au bout de quelque temps, après vingt heures, ou deux jours au plus, que les aliments sont sensiblement altérés, liquéfiés, et présentent l'aspect d'une pâte assez homogène, grisâtre, qui a quelques-uns des caractères du chyme.

Cependant, il faut en convenir, quelque prolongée et bien suivie que soit l'expérience, ces aliments ne peuvent atteindre entièrement la forme pultacée, et on peut toujours reconnaître quels sont les éléments qui entrent dans leur composition. Serait-ce une raison pour récuser cette expérience, parce qu'elle n'est pas la stricte représentation de ce travail, tel qu'il a lieu dans l'estomac ; je ne le pense pas, ou il faudra contester l'exactitude de toutes les expérimentations de ce genre, faites par les physiologistes les plus distingués ; on ne devra pas s'en rapporter davantage aux découvertes que nous fournissent les vivisections, parce que en mutilant l'animal, nous n'avons sous les yeux qu'un tableau tronqué de ce qui se passe dans l'ordre physiologique. D'après cette manière de voir, quelle serait la chose que l'on pourrait regarder comme certaine, positive, dans une science qui n'a pu s'établir que par des expériences ; je veux parler de la physiologie ? Doit-on compter pour peu d'entrevoir comment la nature procède, et de simuler ses actes ? il est constant, dans le cas dont il s'agit, que l'on obtient avec du suc gastrique retiré de l'estomac des phénomènes réels de chymifica tion, qui pour être moins parfaits que ceux qui s'exécutent dans l'intérieur de ce viscère, en reproduisent cependant assez bien l'image.

Expérience 3e. De la salive employée au lieu de suc gastrique m'a donné le même résultat.

Expérience 4e. Si l'on mêle des aliments avec du mucus intestinal que l'on obtient en ouvrant l'intestin d'un animal à jeun, et si l'on vient à exposer le vase qui renferme ce mélange à une chaleur douce, toujours égale, comme dans les cas précédents, il arrive qu'au bout de vingt-quatre à trente-six heures, les aliments sont généralement convertis en une bouillie grisâtre assez homogène ; toutefois les substances végétales, surtout les herbacées, se montrent réfractaires à l'action dissolvante de ce suc ; elles n'éprouvent pas de changement ; de ce fait on ne peut rien arguer, puisque la même chose se rencontre sur le vivant. Quoi qu'il en soit, l'expérience pour être complète exige un temps plus long, six heures de plus.

Je ne doute pas que l'on obtiendrait un effet aussi marqué de l'emploi du suc pancréatique, mais la difficulté de s'en procurer une quantité suffisante est cause que je n'ai pu le vérifier.

Il est à observer que ces différentes liqueurs ont besoin d'être légèrement acides, si l'on ne veut pas les voir se putréfier dans le cours de l'expérience. On les aiguisera donc avec un acide quelconque.

Expérience 5e. Dans les mêmes circonstances, tout étant pareillement disposé pour que l'expérience réussisse, voici ce que le fluide biliaire (1) fait connaître de son action :

Mis dans des vases inertes avec des aliments que l'on a auparavant bien mâchés, ce fluide se comporte à leur égard, à la manière d'un corps gras, huileux, en se tenant à leur surface. Laissée en repos, la bile surnage, mais si l'on vient à l'agiter, pour opérer son mélange avec l'aliment, comme cela a lieu dans l'intestin, par suite des ondulations successives que détermine le mouvement péristaltique, alors elle colore et pénètre tout ce qu'elle touche; mais cette union se fait par une sorte d'imbibition, plutôt que par une véritable imprégnation. Car il y a cette différence entre ces deux mots que le dernier entraîne avec lui l'idée d'une altération quelconque, tandis que l'autre indique seulement un effet mécanique. Dans ce cas se trouve la pénétration de la bile dans l'aliment, c'est un phénomène purement passif; l'action de l'huile sur les corps en général nous en reproduit exactement l'image. Un tel état ne constitue pas une transformation réelle; à la couleur près, rien n'est changé dans la manière d'être de l'aliment, on retrouve, sans être altérées, les diverses substances qui ont servi à sa composition. Tout ce qu'on peut noter après cette épreuve, c'est un léger degré de ramollissement qui n'est après tout qu'un commencement de macération; mais qu'il y a loin de cet état à celui qui présenterait une pâte homogène dont les matériaux seraient confondus, entièrement méconnaissables, comme il arrive si l'on remplace la bile par le suc

---

(1) Dans la généralité des cas, il nous a paru indifférent que la bile avec laquelle on expérimentait fût prise sur telle ou telle espèce d'animal. Nous nous sommes servi indistinctement de celle du bœuf, du mouton, comme étant plus facile à se procurer.

gastrique ou la salive, etc. Si le fluide biliaire ne donne que des résultats négatifs dans les essais de chymification artificielle tentés avec lui, je ne vois pas quel effet marqué il peut avoir dans la séparation du chyle.

Qui peut plus, peut moins; or comment se fait-il que la bile, soi-disant si puissante dans l'acte de la digestion, ici ne manifeste en aucune manière ses propriétés dissolvantes ?

Cependant comme on peut objecter que l'essence de la chymification, la manière dont elle se produit, est tout-à-fait distincte de celle de la chylification; que l'action de l'une est en dehors de celle de l'autre, ou plutôt qu'elle en est la conséquence, j'ai cherché à connaître quel serait l'effet de la bile sur de la pâte alimentaire déjà chymifiée.

Expérience 6°. Dans ce but j'ouvris l'estomac d'un chien deux heures après qu'il eut mangé; et en ayant recueilli dans un tube tout le chyme qui y était formé, reconnaissable à sa couleur grisâtre et à sa consistance pultacée, je le mis en contact pendant trente-six heures avec de la bile *qui provenait du même chien,* (ayant auparavant interrompu toute communication entre la poche cystique et l'intestin par la ligature du canal cholédoque.)

Ainsi le fluide biliaire était parfaitement en rapport avec la nature du chyme sur lequel il devait opérer, et dans le cas où l'expérience aurait manqué, on ne pourrait plus s'en prendre à ce liquide, en supposant qu'il présente des différences essentielles selon les diverses classes d'animaux, et même dans ceux de la même espèce.

Nonobstant ce concours de circonstances qui suppléait en grande partie à ce qui se passe dans l'état physiologique, intérieur, des organes, ce que je présumai arriva: il ne se manifesta pas le plus léger travail qui fît soupçonner quelque changement dans la composition intime du chyme. Tel il s'était offert dont l'estomac, tel il a été retrouvé dans le tube, ni plus ni moins altéré ; et fût-il composé de substances animales ou végétales, contenant soit de la graisse ou de l'huile, jamais je n'ai pû distinguer à sa surface, comme l'a observé M. *Magendie*, expérimentant sur l'animal, quelques filaments blanchâtres, indices de la première élaboration du chyle telle qu'elle a lieu dans l'intestin grêle. La seule chose que j'aie remarquée, c'est que pendant tout le temps que dura l'expérience, *trente-six heures*, la bile, quoique soumise à une chaleur constante de 32°, ne se putréfia pas, différente encore des sucs muqueux, salivaire, gastrique, pancréatique, qui, s'ils ne sont pas légèrement acidifiés, se corrompent promptement ; son union même à l'aliment empêche que celui-ci ne se gâte.

Jamais je n'ai vu que la bile agisse sur les aliments à la manière d'un savon, en amenant leur dilution et en séparant le chyle des excréments.

Enfin, j'ai voulu vérifier si cette absence totale de résultats, si ces effets infructueux de chylification artificielle tenaient à la manière particulière dont l'intestin effectue la pénétration de la bile dans le chyme, et j'ai tenté dans cette vue l'expérience suivante.

Expérience 7ᵉ. M'étant procuré sur un chien du chyme bien arrosé, bien imbibé de bile à sa sortie du duodénum, et l'ayant exposé pendant *vingt-quatre heures* à une chaleur uniforme, je l'ai retrouvé peu différent de ce qu'il était avant l'expérience ; la bile ayant fini par surnager, sa consistance seulement me parut augmentée, mais sans présenter aucune trace de transformation de matière.

Bien qu'il soit vrai que, sur l'animal vivant, en examinant le chyme pendant le temps de la digestion, on ne puisse pas davantage signaler les traits extérieurs qui différencient celui qui est dans l'estomac, de celui qui dans l'intestin grêle est rendu propre à la conversion chyleuse, cependant il est sensible qu'il survient dans l'intervalle de ces deux temps d'opération, un changement quelconque qui, pour être inconnu, n'existe pas moins, puisque ce chyme par l'effet de sa progression devient de plus en plus apte à être saisi par les vaisseaux absorbants chylifères. Si l'essence de cette fonction nous est à jamais cachée, toujours est-il qu'elle a pour résultat un produit nouveau. Mais maintenant il s'agit de savoir quel est celui des deux liquides arrivant au même moment dans le duodénum, les sucs biliaire et pancréatique, qui est la cause efficiente de cette nouvelle élaboration de matière. Il me semble, d'après les expériences comparatives, qu'il ne peut plus y avoir de doutes sur ce point, il est naturel que celui d'entre les liquides qui a témoigné de son action sur l'aliment en dehors de l'économie soit regardé à fortiori comme l'agent de cette fonction telle qu'elle se passe dans l'intérieur des organes; en conséquence, c'est au fluide pancréatique uni au suc intestinal et non pas à la bile, que l'on doit rapporter les principaux phénomènes de la chylification. L'anatomie pathologique vient encore confirmer cette assertion. Elle nous montre que tout travail digestif devient impossible chaque fois que l'aliment est dépourvu du suc glanduleux que lui envoie le pancréas, par suite d'une affection squirrheuse de cet organe, ou bien lorsque dans l'état sain son excrétion est empêchée par la pression qu'exerce sur son canal déférent une tumeur environnante, soit encore après l'oblitération du conduit commun par un calcul biliaire.

D'après les idées admises sur l'importance de la bile, ne devait-on pas mieux attendre de ce qu'elle pouvait dans de pareils essais de chylification artificielle dont le but était de mettre en évidence son efficacité prétendue? Comment se fait-il donc, si elle est l'âme de cette fonction, qu'elle ne donne que des résultats négatifs, que son action passe inaperçue, lorsque tous les autres sucs digestifs, qui sont regardés lui être bien inférieurs, ont au

contraire un effet direct, marqué, visible sur la pâte alimentaire qu'ils liquéfient, soit qu'on l'examine à l'intérieur de l'économie, soit qu'on agisse en dehors dans des
vases inertes ?

Il me reste maintenant à examiner les changements
qu'éprouve le chyme dans le gros intestin, ce qui constitue le dernier phénomène digestif, la formation des
féces.

CHAPITRE X.

SOMMAIRE. *Du dernier temps de la digestion, de la fécation. — Du chyme, dans le gros intestin.— Quels sont
les agents de sa transformation en un produit excrémentitiel. — Il existe encore quelques vaisseaux chylifères dans le gros intestin. — De l'identité du
chyme dans les diverses portions du canal digestif.
— Comment on doit entendre la digestion en général.*

Au moment où le chyme franchit la valvule iléo-cœcale pour entrer dans le gros intestin, il ne contient
presque plus de chyle ; il ne forme plus qu'un résidu
excrémentitiel provenant des débris de la nutrition et
du détritus alimentaire ; sa couleur, sa consistance, son
odeur deviennent différentes de ce qu'elles étaient ;
mais ici encore, comme ces changements s'effectuent
graduellement, sont préparés de loin, qu'ils ne se pro-
noncent seulement davantage qu'à mesure que la portion
chyleuse de ce qui compose l'aliment vient à en être
distraite, on peut dire que la fécation n'est qu'une répé-
tition, qu'une conséquence des actes précédents ; je
m'explique : en même temps que les aliments ont été
soumis dans les diverses portions du canal digestif, à
de nombreuses transformations, que, successivement, par
l'adjonction de la salive, des produits de l'exhalation

6

muqueuse et folliculaire, du suc gastrique, du fluide
pancréatique et du suc intestinal, ces aliments ont été
tour à tour imprégnés, chymifiés et rendus propres à
fournir du chyle, par ce fait même ils ont éprouvé une
altération particulière qui les a disposés à être plus
tard changés en excrément. En effet, ce dernier travail
digestif ne peut se rencontrer que dans les substances
dites nutritives et qui ont été chymifiées. Celles au contraire qui sont restées intactes, c'est-à-dire étrangères
à l'action des sucs, sont rejetées telles qu'on les avait
prises, et ne constituent pas la matière excrémentitielle,
quoiqu'elles s'y trouvent unies. « La formation de cette
» matière, dit M. Adelon (Physiologie, II vol. , page
» 572), est une conséquence de l'élaboration digestive,
» tout aussi bien que l'est celle de l'autre produit dans
» lequel se changent les aliments, c'est-à-dire le chyle.
» En effet, les féces ne sont pas un simple résidu des ali-
» ments, ayant encore leurs mêmes qualités physiques
» et chimiques, et n'ayant été altérés seulement que dans
» leur forme et leur consistance ; ils sont une matière
» nouvelle et toute différente de ce qu'étaient ces ali-
» ments.... Mais en même temps qu'une partie du
» chyme a éprouvé, par l'action de l'appareil chylifère ,
» l'altération spéciale qui l'a changée en chyle, en même
» temps aussi, et de même l'autre partie de ce chyme a
» éprouvé l'altération spéciale qui l'a changée en excré-
» ments. » Cet auteur se demandant ensuite quels peuvent être les agents de cette nouvelle conversion du
chyme, et dans quelle partie de l'appareil digestif cette
fonction se passe, s'exprime de cette manière , (ouvrage
cité, pages 573 et 574): « Pour ce qui est de cette der-
» nière question, c'est sans contredit l'intestin grêle et
» le gros intestin ; mais il est difficile de préciser la par-
» tie de ce long canal où se font les féces, *car il paraît*
» *y concourir tout entier,* ces féces allant en se perfection-

» nant de plus en plus de haut en bas, et n'étant complè-
» tement achevés que dans le rectum... quant aux agents
» de cette conversion, comme elle est la dernière de
» celles qui se produisent, peut-être faut-il dire qu'elle
» est le résultat de toutes les précédentes opérations di-
» gestives. Cependant, si l'on veut préciser davantage ,
» comme les féces ne se montrent que dans le gros intes-
» tin, c'est-à-dire quand la double action de la chylifica-
» tion et de l'absorption du chyle est effectuée, on peut
» rapporter leur formation à cette double fonction. »
Jusqu'ici on dirait que ce physiologiste reconnaît que
la digestion est une, une d'un bout à l'autre du tube
intestinal, qu'elle résulte d'une série d'actes semblables
ayant partout pour agents des liquides tout-à-fait identiques entre eux ; telle n'est pourtant pas sa pensée, car
au même endroit il s'empresse d'ajouter que la bile a
une part des plus prochaines à la production des féces,
comme cause principale de la chylification; revenant
ensuite aux véritables usages de cette humeur, il dit que
sa quantité, que sa qualité influent beaucoup sur l'état
des féces. Que si elle manque, (il convient donc qu'elle
n'est pas indispensable); ceux-ci sont secs, décolorés, il y
a constipation. Si elle joue un rôle dans l'économie digestive, c'est sans contredit dans le gros intestin, où elle
se mêle à l'excrément comme excrément elle-même, et
non comme agent de la chylification. Elle colore le chyme,
l'invisque à la manière d'un corps gras, huileux, en même
temps que par sa présence elle en active la sortie en sollicitant les forces expultrices du rectum.

Des différents liquides qui se rencontrent dans le
gros intestin, s'il en est qui soient capables d'extraire le
reste du chyle que contient encore l'aliment, nul doute
que cette faculté n'appartienne aux sucs muqueux que
fournit cette dernière portion du tube digestif, et ainsi
ces sucs deviennent les agents de la fécation.

Nous avons vu dans les phénomènes précédents, que des liquides analogues ont contribué aux élaborations successives qu'a subies la pâte chymeuse ; de même ces derniers se chargent à leur tour de la réduire en détritus, et ne sont pas occupés seulement, ainsi que le prétendent la plupart des physiologistes, à lubréfier les parties qu'ils touchent pour en prévenir le frottement. Cette dernière transformation s'opère de la manière suivante : au moment où le chyme pénètre dans le cœcum, il est déjà peu riche en principes nutritifs, mais il suffit qu'il en contienne encore, pour que ces sucs muqueux, non différents des premiers dans leur action, achèvent de les chylifier, de manière que le chyme qui chemine très-lentement dans le gros intestin, finit même par ne plus conserver la moindre parcelle de chyle. C'est dans cet état, lorsqu'il en est entièrement privé, qu'il prend le nom d'excrément ; ainsi donc la fécation n'est pas une élaboration distincte, elle n'est que la suite des actes antérieurs de la digestion. Si l'on excepte sa consistance, sa couleur et son odeur qui sont sujettes à varier, selon que l'on examine le chyme dans telle ou telle partie du canal intestinal, on trouve toujours qu'il est partout semblable, il ne présente pas de différences essentielles, son aspect pultacé ne change pas, seulement la couche grisâtre que l'on croit être du chyle brut, et qui le recouvre, est plus ou moins abondante, suivant que ce chyme est fourni par les portions supérieures ou inférieures de l'intestin. Ce peu de changement dans sa manière d'être, quel que soit l'endroit où on l'observe, ne met-il pas au grand jour cette vérité que j'ai fait pressentir plus haut : que ce qui constitue réellement la digestion d'un bout à l'autre de l'intestin est une succession non interrompue d'actes analogues qui s'obtiennent par des liqueurs absolument identiques, à laquelle prennent part tour à-tour, à la bouche, la salive et le mucus buccal, dans l'estomac

le suc gastrique, dans le duodénum et le reste de l'intestin le suc pancréatique et le produit des sécrétions
perspiratoire et folliculaire? En effet, quoique la digestion soit un phénomène compliqué dans lequel on doit
distinguer plusieurs temps d'opération, cela n'empêche
pas qu'elle présente dans son ensemble une parfaite unité
d'action à laquelle concourt un seul et même ordre de
moyens; une même membrane muqueuse étendue de la
bouche à l'anus, fournissant un mucus partout identique,
et de distance en distance, dans ce tube, l'orifice de canaux excréteurs d'organes glanduleux qui séparent des
liquides semblables (1); des vaisseaux sanguins d'origine
commune, et aboutissant au même tronc veineux; des
nerfs d'origine distincte, il est vrai, mais venant tous
cependant, en définitive, ou du tri-splanchnique, ou du
plexus solaire, ou grand sympathique; partout, et en
grande quantité, des vaisseaux lymphatiques; des absorbants chylifères qui, quoique moins généraux, se montrent très nombreux dans presque tout l'intestin, mais
surtout dans ses parties supérieures.

Telle est l'uniformité des parties qui entrent dans la
composition de l'appareil digestif. Même texture, même
mode de sensibilité et de vitalité d'une extrémité à l'autre, et partant similitude de fonction, de sorte qu'il y a
tout lieu de croire que le travail de la digestion commence
à s'effectuer dès la cavité buccale, au moment de l'imprégnation muqueuse et salivaire, qu'il se continue et
s'achève dans l'estomac et l'intestin par une série d'actes analogues, en faisant éprouver à l'aliment des élaborations successives et de même nature, et qui, ajoutées
les unes aux autres, le rendent méconnaissable de ce qu'il
était de prime-abord, et lui impriment les unes après
les autres les caractères 1° du bol alimentaire; 2° du

(1) On doit excepter le foie, qui fait classe à part.

chyme; 3° du chyle; 4° d'un résidu purement excrémentitiel.

C'est même, si l'on y réfléchit, sur cette connaissance de l'aptitude qu'ont toutes les parties du tube digestif à convertir l'aliment en chyle, que le médecin s'appuie, lorsque, dans des cas d'inflammation partielle, de squirrhe d'une portion de l'intestin, il porte sur celles qui sont demeurées intactes, les substances qui doivent nourrir, soutenir le malade, quelquefois même pendant un temps assez long.

Cette théorie, j'en conviens, choque tout - à - fait les idées reçues jusqu'ici. Elle semblera surtout restreindre trop les ressources que la nature tient à sa disposition; et cependant, selon nous, c'est cette simplicité, cette uniformité de moyens, cette manière toujours.la même de procéder d'un bout à l'autre de l'intestin, cette conformité d'action qui assurent en tout temps l'exécution d'une fonction aussi compliquée en apparence que l'est la digestion.

L'identité d'organisation des diverses parties qui composent le tube intestinal fait qu'elles se prêtent une assistance mutuelle, se rendent solidaires les unes pour les autres; et cette faculté qu'ont ces viscères de se suppléer entre eux est loin de prouver l'insuffisance, la pénurie des ressources de la nature. Rien n'atteste mieux au contraire toute la richesse de ses moyens, quoiqu'ils soient en petit nombre, pour arriver plus sûrement à son but. L'unité d'action dans la digestion me paraît la condition vitale de cette fonction.

CHAPITRE XI.

SOMMAIRE. *Continuation des expériences; expérimentations sur l'animal vivant : 1° occlusion du canal cholédoque sans interruption de la digestion : 2° de la possibilité de la chymification dans les diverses portions du tube intestinal. — En est-il de même relativement à la chylification; 3° de l'absorption de la matière chyleuse, à quel organe commence cette fonction, et où finit-elle?*

SECTION PREMIÈRE.

Occlusion du canal cholédoque.

L'obstruction du canal cholédoque n'est pas un obstacle à la chylification, pourvu toutefois que l'arrivée du suc pancréatique dans l'intestin ne soit pas interrompue, c'est-à-dire que la ligature pratiquée sur le canal commun soit placée au-dessus de l'embouchure du conduit pancréatique. Cette précaution étant prise, si la soustraction de la bile n'influence en rien la digestion, on conçoit que l'importance de ce liquide peut être grandement infirmée dans cette fonction.

Les expériences suivantes ont pour but de constater ces résultats.

Si on lie sur un chien le canal cholédoque, on observe que dans les premiers jours l'animal est triste, refuse toute espèce d'aliment solide; mais, passé la première semaine, lorsque la plaie est en partie cicatrisée, que l'inflammation a disparu, son appétit revient peu à peu et les digestions reprennent leur cours. Cependant la soif continue à être plus vive que dans l'état ordinaire, la constipation est un phénomène presque constant, ainsi que l'ictère qui se manifeste par la teinte jaune des yeux ; les matières fécales sont sèches, grisâtres, le manque d'excrétion biliaire en est seul la cause. Très-souvent à la suite de cette interruption du cours de la bile, si l'animal vit quelques jours, les viscères de l'abdomen qui étaient sains, ne trouvant plus dans le foie une voie de dépuration, finissent les uns après les autres, suivant qu'ils sont liés plus intimement avec cet appareil, par s'engorger. Il n'est pas rare de voir la rate doubler de volume, le foie est engoué de liquides de différente nature ; les glandes du mésentère commencent à devenir dures, tuberculeuses. La mort, qui survient à la suite de ces altérations, n'est pas, comme on doit le penser, la conséquence immédiate de la suspension de la chylification causée par la ligature des conduits biliaires, car si cela était, elle aurait lieu sur-le-champ, tandis qu'elle n'arrive que quand de grands désordres, des lésions organiques principales ont enrayé les fonctions les plus importantes.

Deux des chiens sur lesquels j'ai expérimenté ont survécu trois mois à l'oblitération du canal cholédoque (n'oublions pas que le suc pancréatique continuait à s'écouler dans le duodénum) ; sur huit autres qui ont succombé plus tôt, cinq sont morts peu de temps après la ligature, et les trois autres au bout de six semaines, après avoir présenté tous les symptômes des obstructions du foie, de son empâtement et de celui de la presque généralité des viscères de l'abdomen. Chez l'un de ces animaux, la sécrétion biliaire continuant à s'effectuer, les canaux cystique et hépatique, la vésicule du fiel atteignirent des dimensions excessives, et la mort arriva promptement par la rupture de ce réservoir, par suite de l'épanchement de la bile dans le péritoine.

A l'exception de l'inflammation de cette membrane, tous les viscères parurent sains. L'estomac et l'intestin étaient encore remplis d'aliments nullement colorés en jaune, mais presque complètement chymifiés. Il y avait trois heures que l'animal avait mangé. Des vaisseaux lactés contenaient du chyle, j'en ai extrait près d'une demi-once.

Il n'est pas difficile de parvenir jusqu'au canal cholédoque pour en faire la ligature; après avoir pratiqué une large incision aux parois abdominales dans la direction de la ligne blanche, en pénétrant de suite dans le péritoine, je range de côté et à gauche l'estomac que je soulève ainsi que le duodénum. En examinant ce dernier organe dans sa seconde portion, près l'extrémité droite du pancréas, précisément à l'endroit où il n'est pas recouvert de la tunique séreuse, entre les feuillets de l'épiploon gastro-hépatique, on trouve le canal cholédoque que l'on peut rendre très-évident en pressant sur la vésicule biliaire et en l'emplissant du liquide qu'elle contient.

Dès que je suis parvenu à dégager, isoler le canal cholédoque des parties sous-jacentes auxquelles il ne tient que par un tissu cellulaire lâche, je passe une ligature que je remonte et rapproche le plus possible de l'embranchement des conduits cystique et hépatique, afin de laisser libre l'issue du canal pancréatique. Je coupe les bouts de fil excédant et je réunis par des points de suture la plaie extérieure qui se cicatrise en peu de temps, à moins qu'il ne survienne des infiltrations purulentes consécutivement à l'opération, soit dans les parois abdominales, soit dans le tissu cellulaire profond; je puis dire en général que ces accidents ont été rares. L'inflammation du péritoine, comme plus fréquente, me paraît plus à redouter; elle entrave tout-à-fait le succès de l'expérience, si même dans les premiers jours elle ne se termine pas par la mort.

Quoi qu'il en soit du petit nombre d'exemples où l'animal ait vécu un temps assez long, trois mois, toujours est-il vrai que la plupart de ces chiens n'ont pas succombé immédiatement, mais plus tard, à des accidents inflammatoires, occupant principalement le péritoine, et même dans un cas la mort est survenue sans qu'on pût la prévoir, à la suite de l'épanchement de la bile occasionné par la rupture de la poche cystique.

Si j'excepte un seul de ces chiens qui fut tourmenté de vomissements chaque fois qu'il voulait prendre des aliments, et qui dépérit en peu de jours, chez tous la mort n'a point été la conséquence prochaine de la suppression de la chylification, quelque rapprochée que fût l'époque de leur fin. Presque tous avaient commencé à manger, et chez la plupart on trouva dans le canal digestif des aliments parfaitement chymifiés, et dans les vaisseaux lactés du chyle bien élaboré.

SECTION II.

De la possibilité de la chymification dans les diverses portions du tube intestinal; en est-il de même relativement à la chylification ?

Dans cette seconde section, j'ai cherché à connaître quelle était l'action digestive de chaque portion de l'intestin, si chacune d'elles prise séparément pouvait obtenir la chymification de l'aliment, sa conversion en chyle, la bile y demeurant étrangère comme dans le cas précédent ; ou bien s'il était nécessaire que les aliments parcourussent toute la longueur du tube digestif, s'il fallait qu'ils fussent successivement imprégnés de salive, de suc gastrique, des fluides pancréatique et muqueux intestinal, et principalement de bile, pour être propres à l'assimilation,

1° *Dans la cavité buccale* : J'ai déjà fait observer que des aliments gardés long-temps dans la bouche subissaient une véritable altération qui les rend méconnaissables; j'ai vu qu'ils forment une bouillie grisâtre, homogène, assez analogue au chyme; c'est un fait que chacun peut vérifier. Les agents de cette transformation sont la salive et le mucus buccal. Si on ne découvre pas dans cette cavité des vaisseaux chylifères, il y existe du moins, et en assez grand nombre, des vaisseaux lymphatiques qui paraissent avoir la faculté d'absorber les boissons. On sait que le sentiment de la soif, s'il n'est pas apaisé entièrement, n'est du moins pas aussi vif, lorsque l'on tient dans la bouche des liquides ou des corps sapides susceptibles de provoquer une abondante sécrétion de salive, qui, pour un instant, satisfait aux besoins les plus pressants de la soif.

2° *Dans l'estomac:* Ici la chymification de l'aliment n'est nullement mise en doute; mais il s'agit de savoir si le suc gastrique lui seul, sans être uni à la salive, peut l'effectuer. Dans le cas affirmatif, on conçoit que l'existence de ce liquide ne peut plus être contestée. Dans cette intention, je fis l'expérience suivante sur un animal :

Expérience 1re. Après avoir retiré de l'estomac, par les moyens connus, les sucs différents qu'il contient, et avoir empêché tout retour possible de la salive, en pratiquant la ligature de l'œsophage, je fis au-dessous de cette ligature une ouverture à ce conduit, et de cette manière je portai dans l'estomac des aliments solides (1); trois heures après, en les examinant, je vis qu'ils étaient entièrement changés, altérés, offrant tous les caractères du chyme. Déjà des vaisseaux lactés contenaient du chyle, et cependant le bol chymeux n'avait pas franchi le pylore. Avant l'expérience, l'animal était à jeun

(1) Ces aliments se composaient d'un mélange de mie de pain et de bœuf, détrempé avec de l'eau.

depuis vingt-quatre heures. Une fois l'existence et l'action du suc gastrique sur l'aliment hors de doute, il me reste à prouver que déjà, dans l'estomac, l'absorption chyleuse a lieu.

Expérience 2ᵉ. En plus des dispositions indiquées plus haut, si on lie le canal thorachique et le pylore, sur un animal, on observe, outre les phénomènes de chymification, que du chyle se rencontre dans les vaisseaux lactés; ces vaisseaux sont gonflés; si on les incise, ils dardent par jets un liquide blanc tout-à-fait analogue au chyle; le réservoir de *Pecquet* en est abondamment pourvu.

Expérience 3ᵉ. J'ai nourri pendant 15 jours un chien auquel j'avais auparavant pratiqué la ligature du duodénum immédiatement au-dessous du pylore. L'appétit était assez prononcé; l'animal mangeait peu, mais souvent. Chaque fois que l'estomac avait retiré de l'aliment ce qu'il pouvait s'approprier, cet organe se soulevait et rejetait par le vomissement, ou plutôt par une sorte de régurgitation, ce qui excédait la portée de ses forces digestives. Il est juste de convenir que cette espèce de détritus alimentaire était moins altérée, moins excrémentitielle que si elle eût été rendue après avoir cheminé dans toute la longueur de l'intestin.

3°. *Dans l'intestin grêle.* — *Expérience* 1ʳᵉ. Si l'on ingère dans l'intestin grêle des aliments préalablement triturés et imbibés de salive, on voit au bout de quelque temps, deux à trois heures, que leur chymification est aussi complète que si elle se fût faite dans la cavité stomacale.

Expérience 2ᵉ. Si ces aliments sont introduits sans qu'on leur ait fait subir la trituration et l'imprégnation salivaires, ils n'en sont pas moins convertis en une bouillie grisâtre, homogène, pultacée; seulement j'ai remarqué que ce travail, pour être complet, demandait une épreuve plus longue ; les vaisseaux lactés étaient dilatés par du chyle. Dans ces deux cas, comme je n'avais pas interrompu le cours de la bile, la chymification de l'aliment une fois opérée, l'absorption chyleuse en était une conséquence, un phénomène qui devait avoir lieu, même d'après les idées des auteurs sur les conditions de cette fonction. J'ai donc cru devoir examiner si cette chylification pourrait s'effectuer nonobstant l'empêchement au cours de la bile dans l'intestin grêle ; c'est ce que l'on va voir dans l'expérience suivante.

Expérience 3e. Si l'on prend, sans autre préparation, des aliments de consistance moyenne, et si on les introduit le plus haut possible dans l'intestin grêle, en ayant le soin d'oblitérer la partie de ce conduit qui est supérieure à l'endroit où l'on pratique cette ingestion, on observe, après le délai déjà fixé, que les aliments, outre qu'ils sont chymifiés, sont descendus dans l'intestin, qu'une forte partie en a été absorbée, convertie en chyle, et que l'autre est près d'entrer sous forme de féces dans le gros intestin ; seulement celle-ci n'a pas cette couleur jaune qui lui est habituelle, et qui est due à la présence de la bile.

Expérience 4e. Répétant cette expérience sur un autre chien, je l'ai substanté de cette manière pendant un mois ; ce n'est qu'après ce temps que je l'ai sacrifié pour une autre expérience. A l'ouverture, je constatai ce qui suit : d'abord le fil qui liait l'intestin grêle, de manière à fermer exactement toute voie de communication avec l'estomac et le duodénum, avait été retenu dans la plaie abdominale, de sorte qu'il s'était formé en cet endroit une adhérence contre nature ; ensuite l'ouverture pratiquée à l'intestin grêle pour l'introduction des aliments, représentait parfaitement un anus artificiel, comme il arrive dans les faits de hernie étranglée qui se termine par gangrène. Aussi, dans un cas semblable chez l'homme, s'il y avait contre-indication à faire parcourir aux aliments les voies supérieures de la digestion, je n'hésiterais pas à ingérer des substances nutritives dans le bout inférieur du conduit intestinal. Le succès d'une pareille tentative serait d'autant plus assuré, que la portion d'intestin perforée serait moins éloignée du duodénum.

A mesure que l'on s'approche de la partie inférieure de l'iléum, on remarque que l'énergie digestive est moins grande, qu'il faut plus de temps pour que la chymification et surtout l'absorption du chyle soient complètes, soit parce que d'un côté le suc intestinal est dans cet endroit moins abondant, moins actif, soit plutôt, d'un autre côté, parce que la surface absorbante n'est pas assez étendue, que les vaisseaux chylifères sont plus rares, qu'ils ne peuvent toujours agir, et par conséquent absorber qu'une quantité donnée de chyle. Cependant on ne peut douter que cette chymification, quoique moins prompte, ne soit encore assez parfaite, puisque son effet le plus direct, la formation du chyle, ne laisse pas que de se manifester. On rencontre de ce liquide dans les vaisseaux lactés et dans le canal thorachique, lorsqu'il n'a pu y être apporté d'une autre source, la ligature de l'intestin grêle ayant été faite préalablement dans ses trois quarts supérieurs.

4°. *Dans le gros intestin*, le cœcum, le colon ascendant et un peu dans le colon transverse, il se passe encore des phénomènes de chymification qui, quoique moins finis, constituent toujours une véritable élaboration de matière ; et de même, dans ce chyme un peu grossier, des vaisseaux chylifères, en petit nombre, il est vrai, viennent puiser des éléments nutritifs.

Expérience. Si l'on pousse des aliments de l'iléon dans le cœcum, ayant ensuite la précaution de fermer par une ligature la valvule de *Bauhin*, afin d'être sûr, d'une part, que la bile ne pénètre pas dans le gros intestin, et de l'autre, qu'une quantité de ces aliments ne remonte pas, malgré l'obstacle que lui oppose la valvule iléo-cœcale, dans l'intestin grêle, où on pourrait supposer qu'ils ont été chymifiés. Ces dispositions prises, voici ce que l'on observe : après quatre heures de séjour dans le cœcum ou le colon, les aliments sont sensiblement altérés, mais il est vrai de dire qu'on peut y reconnaître encore les substances qui entrent dans leur composition; ils ont perdu de leur consistance, n'ont plus le même aspect et forment une pâte demi-fluide, invisquée de sucs, et qui a quelques-uns des caractères du chyme. Le colon descendant, le rectum sont remplis d'une sorte de détritus alimentaire, mais moins animalisé, moins coloré que dans l'état normal. Si ce sont des bouillons, des gelées de viandes que l'on a introduits, ils sont bien plus promptement chymifiés, l'absorption des chylifères de ces dernières portions de l'appareil digestif, quoique moins active, c'est-à-dire moins étendue, à raison du petit nombre de ces vaisseaux, ne peut cependant être contestée, comme nous allons le voir dans la section suivante.

SECTION III.

A quel organe commence l'absorption chyleuse et où finit-elle ? Enfin existe-t-il des vaisseaux chylifères au-dessus du duodénum et par conséquent au-dessus de l'endroit où pénètrent la bile et le suc pancréatique?

Cette question, une fois résolue par l'affirmative, devient tout-à-fait décisive; elle détruit de fond en comble la théorie de l'utilité de la bile dans la chylification. S'il n'est pas prouvé que dans la bouche com-

mence déjà le travail d'absorption, il est au moins constant qu'il se fait dans la cavité qui suit immédiatement,
dans l'estomac. (Je ne parle pas du pharynx et de l'œ-
sophage, qui ne sont que des conduits de transport.)
M. Magendie a fait voir d'une manière très - évidente
qu'une partie des aliments liquides, les bouillies, les gelées de viande, introduites dans l'estomac, y est parfaitement digérée, et ne disparaît pas moins, malgré la ligature pratiquée préalablement au pylore, circonstance
qui rendait tout-à-fait impossible le passage de ces aliments dans le duodénum, où l'on suppose que commencent à apparaître les vaisseaux chylifères ; cette assertion
est aussi controuvée par ces expériences, que l'opinion
qui y a donné lieu est elle-même conjecturale, savoir
que l'arrivée de la bile dans cette portion de l'intestin
est concomitante de la chylification, et qu'elle en est
l'agent principal. Car dans le cas encore où l'on voudrait
rapporter l'absorption nutritive qui s'effectue ailleurs
que dans le duodénum, dans l'estomac, à un autre ordre de vaisseaux, aux orifices des veines mésaraïques
ou aux vaisseaux lymphatiques de ce dernier organe, il
n'en serait pas moins démontré que des aliments ont pu
être chymifiés, absorbés et convertis en chyle, indépendamment du concours de la bile ; outre ces faits, dont
l'exactitude ne peut être mise en doute, j'ajouterai que
mes propres observations m'autorisent pareillement à
regarder la séparation et l'absorption du chyle comme
s'effectuant bien antérieurement à l'intestin grêle, aussitôt l'entrée de l'aliment dans l'estomac. Si l'on examine
avec attention la surface intérieure de ce viscère, on y
remarque des vaisseaux absorbants lactés, en petit nombre, il est vrai, mais tels cependant que l'on ne peut pas
les confondre avec les lymphatiques, la direction différente de ces deux ordres de vaisseaux empêche toute
méprise à cet égard ; les premiers se rendent au foie

avant de se jeter dans le canal thorachique, tandis que les autres s'y abouchent directement (1).

D'un autre côté, si on ouvre l'estomac d'un animal, deux heures après qu'il a mangé, lorsque l'on suppose la digestion en pleine activité, on voit suinter de la pâte chymeuse un fluide d'un blanc grisâtre, comme cela a lieu dans le duodénum, après le mélange avec la bile ; des vaisseaux absorbants s'en emparent également, et si, par une ligature, on s'oppose au cours de la liqueur qu'ils charrient, ils se gonflent, deviennent considérables ; en les incisant, on en retire un suc blanc analogue au chyle, parfaitement semblable, à la sérosité près, à celui que fournit plus bas dans l'intestin grêle, le même ordre de vaisseaux. S'il n'existe pas d'absorbants chylifères dans l'estomac, comment se fait-il que dans le cas d'une affection au pylore, d'un squirrhe qui en ferme exactement l'ouverture, et s'oppose à l'introduction de la moindre parcelle d'aliment dans le duodénum, et à l'arrivée de la bile dans l'estomac, la nutrition continue cependant ? Comment expliquer cette nutrition telle quelle, cette assimilation chez les individus qui présentent ces accidents pathologiques ? Les gelées, les bouillons, au moyen desquels on soutient ces malades, ne laissent pas que d'être digérés et de fournir du chyle. Pourquoi, dès les premières voies, ces vaisseaux chylifères existeraient-ils, s'ils ne sont pas destinés, là comme ailleurs, à y recueillir le chyle ? Pourquoi dès cet endroit voit-on apparaître à la surface du chyme cet élément nutritif, s'il n'a pas les qualités requises pour pouvoir être repris ? Je conviens que ce ne sont encore que les parties les plus subtiles, les plus séreuses de ce liquide ; mais dans ce premier travail de chylification, quel qu'il

(1) Voir ce que nous avons dit des vaisseaux absorbants chylifères et lymphatiques du foie, pag. 7 et suivantes.

soit, quelle part la bile a-t-elle eue ? Elle n'est versée que dans le duodénum, et ne remonte qu'accidentellement dans l'estomac; or, nous ne nous occupons que de l'état physiologique habituel d'une bonne santé; et il est à remarquer qu'alors elle n'envahit pas cet organe et reste entièrement en dehors de ce qui s'y passe. Ce fait étant bien connu, bien établi, que, dans la cavité gastrique, la chylification s'opère, indépendamment du fluide biliaire, je ne vois pas pourquoi il n'en serait pas encore de même pour tout le reste de l'intestin ; les caractères de cette fonction ne peuvent varier ; les conditions de sa manifestation sont partout les mêmes ; elle ne peut être un phénomène simple dans un endroit et compliqué dans un autre, ce qui en changerait l'essence et en dénaturerait le produit; or, nous savons que le chyle est partout le même, examiné dans les diverses portions de l'appareil digestif. L'existence de vaisseaux chylifères dans l'estomac étant bien démontrée, la séparation du chyle dès cette cavité ne peut plus être révoquée en doute; d'où il suit nécessairement que la présence de la bile n'est pas indispensable pour l'accomplissement de cette fonction, qu'elle n'en est pas la condition *sine quâ non*, comme on s'efforce de l'établir.

Ces diverses expériences font assez voir combien on s'est mépris au sujet du fluide biliaire en le désignant comme l'*agent efficient de la chylification*. Si maintenant nous passons en revue les faits nombreux que nous fournit la pathologie du foie et de ses canaux excréteurs, si nous en étudions les phénomènes morbifiques dans leurs conséquences immédiates avec la digestion, que d'erreurs de plus on découvre dans la théorie, telle qu'elle existe, de l'importance de la bile.

Maladies du foie et de ses canaux excréteurs, envisagées sous le rapport de la sécrétion biliaire et de ses effets dans l'acte de la digestion.

CHAPITRE XII.

Sommaire. *De l'ictère. — Comment il s'explique chez l'enfant nouveau-né et chez l'adulte. — Maladies auxquelles il peut consécutivement donner lieu à ces deux époques de la vie. — L'ictère ne constitue quelquefois qu'une indisposition, et c'est l'état habituel de certains individus ; voit-on qu'il soit chez eux un indice que la digestion ne se fait pas ? — De l'action présumée que font éprouver à la bile les vaisseaux absorbants lorsqu'ils s'en chargent. — L'ictère est le symptôme des diverses maladies du foie et de ses canaux excréteurs. — C'est une affection grave lorsqu'elle tient à une désorganisation de ce viscère. — Agit-elle dans ses effets sur la digestion comme une lésion, un squirrhe du pylore ?*

Parmi cette foule de maladies que le foie est susceptible de contracter, je ne dois m'attacher qu'à celles qui, en définitive, ont pour résultat, soit un défaut de sécrétion de la bile, soit un empêchement au cours de ce liquide dans l'intestin ; parce que entre autres effets elles doivent avoir sur la digestion une influence des plus marquées, et qu'il importe surtout de constater ici.

En rapportant sur ce genre d'affections des observations tant des auteurs anciens que des modernes, et quelques faits que j'ai recueillis, soit dans les hôpitaux, soit dans ma pratique, mon intention n'est pas non plus de donner leur histoire complète, mais seulement ce qui a trait à la sécrétion et à l'excrétion de la bile.

Comme il n'est presque pas de maladies du foie et de

ses conduits excréteurs qui ne s'accompagnent d'ictère,
c'est de ce symptôme dont j'aurai à m'occuper spécialement, puisque mon but est de faire voir que la bile
n'est pas nécessaire, indispensable à la chylification, et
que, selon les meilleurs auteurs, toutes les fois que la
jaunisse se prononce, c'est un indice certain d'un embarras, d'un obstacle au cours de la bile dans l'intestin.

Ainsi donc, dans les différentes observations que je
donnerai, c'est sur ce phénomène que je porterai plus
particulièrement mon attention, eu égard aux conséquences qui en découlent sous le rapport de la digestion. Je signalerai également certains faits qui prouvent
que le foie a pu être tout-à-fait désorganisé, complètement induré ou en suppuration, ou bien atrophié, et
même qu'il a pu manquer, sans qu'il y ait eu interruption totale du travail digestif.

Comme on n'est pas encore bien fixé sur les causes
qui produisent cette couleur jaune de la peau, et que ces
causes varient à l'infini, je hasarderai quelques considérations sur la manière dont l'ictère se produit et dont
il doit être expliqué suivant qu'il se manifeste dans les
premiers moments qui suivent la naissance, ou dans un
âge plus avancé.

L'ictère chez les nouveau-nés n'est pas à proprement
parler une maladie, il ne le devient qu'autant qu'il se
prolonge au-delà d'un terme assez court, une quinzaine
de jours. Il est presque constamment le résultat de l'engorgement du foie, et pour deux raisons principales :
1° la cessation brusque, instantanée des fonctions semblables à celles du poumon, que remplissait le foie à
l'égard du sang de la veine ombilicale; 2° l'établissement de la digestion, et par suite, l'afflux vers cet organe de sucs nutritifs dont il ne peut se débarrasser
complètement, engoué qu'il est du sang que lui a laissé
la veine ombilicale.

Première circonstance : le fœtus pendant la vie intra-utérine se nourrit et se développe aux dépens du sang que lui envoie la mère par la veine ombilicale. On sait que cette veine en arrivant au foie s'y distribue d'une part en plusieurs branches, et de l'autre se continue sous le nom de canal veineux, et vient s'aboucher avec la veine cave ascendante près de son entrée dans l'oreillette droite; de sorte qu'à cette époque l'organe hépatique sert réellement de diverticulum au sang, fait l'office du poumon. Mais au moment de la naissance, lorsque l'enfant a respiré, le mode de cette circulation change, et consécutivement ce viscère se trouve engoué du sang que lui transmet encore pendant quelques instants la veine ombilicale jusqu'à ce que la section du cordon soit pratiquée, laquelle se fait le plus souvent trop attendre. Le sang dont une grande portion était auparavant détournée du foie, le pénètre en entier (car la respiration une fois bien établie, toute communication directe de cet organe avec le cœur par le canal veineux cesse immédiatement), et ne pourra être repris que plus tard par les veines hépatiques. Mais pour que cette absorption puisse s'effectuer promptement et amener le dégorgement du foie, la condition essentielle serait que ce viscère fût quelque temps en repos, ce qui n'a pas lieu.

Du moment où la vie intra-utérine est terminée et que l'autre commence, il échange seulement ses fonctions et devient avec le nouvel ordre de choses un nouveau centre de fluxion pour les différents produits de la digestion, pour le sang veineux abdominal et le chyle qu'il est destiné à purifier, avant qu'ils n'atteignent, l'un la veine cave inférieure, l'autre le canal thorachique. Dans les premiers jours, ce travail ne pourra être que très-difficile, imparfait, jusqu'à ce que le sang dont cet organe a été abondamment pourvu par les derniers jets de la veine ombilicale, vienne à être résorbé et à laisser un champ libre à cette double circulation du sang veineux abdominal et du chyle à travers le tissu du foie. Voilà pour ce qui concerne la suppression des fonctions semblables à celles du poumon, que remplit à cet âge l'appareil hépatique.

Seconde circonstance : du moment de la naissance commence pour l'enfant *sa vie* proprement dite, mais cette existence indépendante réclame impérieusement, pour se constituer, l'exercice de nouvelles fonctions, celle de la respiration et celle de la digestion.

C'est désormais dans les poumons que l'hématose va s'opérer par la présence de l'air atmosphérique et sur des liquides provenant du même individu. C'est dans le produit de la digestion et non plus comme tout-à-l'heure dans un sang tout préparé et emprunté à la mère, que l'enfant doit trouver les matériaux propres à recomposer ses organes, il faut que lui-même travaille le sang qui doit le nourrir, qu'il se charge d'en réparer les pertes par la sécrétion d'une autre liqueur, le chyle, que lui fournissent les aliments en plus ou moins grande quantité.

Aussi l'estomac et tout l'intestin entrent-ils simultanément en fonction pour subvenir à ces nouveaux besoins. Le chyle une fois formé est immédiatement aspiré par les vaisseaux absorbants lactés, et transmis au foie qui devrait lui faire éprouver une première élaboration en le dépouillant des principes qui servent à la sécrétion biliaire. Mais, comme je l'ai fait voir, l'appareil hépatique n'est pas alors dans les conditions convenables pour livrer passage aux sucs de la digestion et pour en séparer les matériaux de la bile qui s'y trouvent unis, puisqu'il est engorgé et de tout le sang de la veine ombilicale qui a reflué en entier vers lui, et de celui que ne cesse de lui apporter le système veineux abdominal alors en pleine activité.

Le chyle sort donc du foie à peu près tel qu'il y était

entré, sans avoir abandonné les éléments de bile qu'il contient. Dans cet état, il est repris par les absorbants de ce viscère et de là porté dans le réservoir de *Pecquet*, où il passe dans le canal thorachique, se mêle à la lymphe, et contribue à la recomposition du sang.

Sous cette dernière forme il pénètre le poumon, reçoit le contact de l'air, de veineux devient artériel, mais il conserve ses caractères bilieux; enfin il se jette en cet état dans le cœur, et arrive ensuite à tous les tissus auxquels il communique une teinte jaune.

Le concours de ces deux circonstances explique dans la généralité des cas comment l'ictère se produit chez les nouveau-nés, comment il disparaît peu à peu à mesure que le foie moins engoué se laisse mieux imprégner par le chyle, et que consécutivement la sécrétion biliaire est plus complète.

Aussi considère-t-on cette affection, tant qu'elle est bornée et qu'elle suit une marche régulière, plutôt comme une indisposition que comme une maladie. Mais après un certain temps, si l'ictère persiste, on ne peut plus l'envisager sous ce point de vue. Il rentre alors entièrement dans le domaine pathologique, et doit être comparé, si ce n'est dans ses causes, au moins dans ses effets, à celui qui se manifeste chez l'adulte.

Ce qui constitue surtout une différence entre ces deux ictères, c'est que la bile qui produit ces accidents est loin d'être la même à ces deux temps de la vie, c'est qu'elle est bien moins active dans les premiers jours qui suivent la naissance, le lait de la mère étant une nourriture douce, aqueuse, et dont le chyle conséquemment est beaucoup moins chargé de principes biliaires. A cette occasion, je ferai encore remarquer que, parmi les enfants, ce sont principalement ceux qui sont confiés à des nourrices qui présentent les phénomènes de la jaunisse, et la raison toute simple en est que chez eux le lait n'est pas approprié à l'état du nouveau-né, n'est pas séreux comme il l'est chez la mère qui nourrit, mais au contraire est épais, butyreux, fournissant un chyle trop substantiel et sur lequel le foie, dont les fonctions ne sont nullement en rapport d'énergie avec les forces digestives, ne peut avoir une action suffisante pour le dépurer, le priver de ce qu'il a en excès.

On ne peut nier que la turgescence sanguine du foie ne soit la cause prochaine de l'ictère chez les enfants nouveau-nés (1). Cette affection se montre particulièrement chez ceux qui viennent au monde avec le corps et le visage d'un rouge foncé. Cette remarque a été faite par Morgagni sur ses propres enfants. On rencontre cette turgescence du foie chez la plupart de ces petits êtres qui succombent peu d'instants après leur entrée dans la vie, à moins qu'ils n'aient été victimes d'une hémorrhagie du cordon.

L'organe hépatique se présente comme une masse spongieuse dont la plus légère pression fait sortir une grande quantité de sang qui, à lui seul, remplit toutes les mailles du tissu. Mais si la mort ne survient qu'au bout de quelques jours, et lorsque les fonctions digestives avaient pu s'établir, outre le sang dont il regorge, le foie contient des sucs de différente nature. Si on l'incise, on en voit suinter de la bile, de la lymphe, et un liquide moins séreux, blanchâtre, qui ne peut être que du chyle qu'y ont déposé les vaisseaux absorbants lactés. En définitive, l'ictère reconnaît pour cause première chez les nouveau-nés l'engorgement sanguin du foie, d'où résulte

______

(1) Cependant cette turgescence sanguine qui amène l'ictère ne peut pas toujours être attribuée à la suspension de la circulation fœtale. Cet engorgement peut être, chez l'enfant naissant comme chez l'adulte, le résultat direct de l'inflammation du foie, après une répercussion de la transpiration, par exemple, ou consécutivement à une gastro-duodénite violente.

le défaut ou la difficulté de l'établissement de la sécrétion biliaire, et consécutivement l'introduction dans l'économie des principes qui devaient servir à la composition de ce liquide.

On conçoit que si cet état a quelque durée, la mort pourra s'ensuivre par les raisons que j'ai indiquées plus haut. On s'expliquera pourquoi dans cette occurrence le chyle devient peu propre à réparer le sang, et consécutivement pourquoi les sources de la vie ne tardent pas à s'épuiser. Si à cet âge la jaunisse ne se termine pas promptement par la mort, ou ne marche pas vers la résolution, si elle reste opiniâtre, elle peut être cause des différentes congestions du foie, tant sanguines que lymphatiques, elle peut amener son inflammation, déterminer plus tard l'obstruction, l'induration, la suppuration, ou bien encore la dégénérescence adipeuse, le volume excessif de cet organe. Et il n'est pas rare non plus que, de proche en proche, les autres viscères de l'abdomen, et surtout ceux qui appartiennent au système de la veine-porte, ne deviennent le siége d'empâtements plus ou moins considérables. Les glandes mésentériques sont souvent frappées de désorganisation, affection désignée sous le nom de *carreau*. Cette dernière maladie moissonne une grande partie des enfants échappés aux accidents de la jaunisse ; et cela se concevra facilement, si l'on réfléchit aux liens nombreux qui unissent ces glandes avec le foie, et aux fonctions éliminatrices qu'elles partagent avec lui dans la digestion.

L'ictère qui survient chez l'adulte est bien moins circonscrit dans ses causes. Cependant, quelque nombreuses qu'elles soient, elles agissent toutes, soit en empêchant, dénaturant la sécrétion de la bile, soit en s'opposant au libre écoulement de ce liquide à travers ses canaux et dans l'intestin.

Dans le premier cas, l'ictère se manifeste parce que

la séparation de la bile est incomplète, ou ne se fait en aucune manière; le plus souvent à la suite de l'inflammation de l'organe hépatique, d'où résulte son engorgement, et, si la maladie persiste, l'obstruction, l'induration et la suppuration de ce viscère.

Au début de l'ictère, et lorsqu'il n'a pas une longue durée, il n'y a le plus ordinairement qu'un simple engorgement sanguin de ce viscère. Dans cette circonstance, la couleur jaune de la peau se produit parce que les matériaux de la bile sans cesse apportés avec le chyle et par le système de la veine-porte à l'organe hépatique y séjournent. Celui-ci, engoué de sang, ne peut opérer sa sécrétion ou ne la fait que très-imparfaitement, et se laisse pénétrer de cette bile à l'état élémentaire qui finit par être reprise par les deux ordres de vaisseaux absorbants du foie et peut-être aussi par ses veines, et de là est portée dans le torrent de la circulation. Toutefois il est constant que la bile se rencontre aussi bien dans les vaisseaux lactés que dans les lymphatiques. Les uns et les autres ont été trouvés excessivement dilatés et remplis d'un liquide jaune, épais, au lieu d'être blanc et séreux comme il l'est à l'état normal. L'union du fluide biliaire avec le sang, sa présence dans les veines ne peuvent non plus être contestées; pour qui a saigné des malades atteints d'ictère, il ne peut y avoir le plus léger doute à cet égard.

Dans l'ouvrage de Morgagni, *de Sedibus et causis morborum*, epist. XXXVII (traduction de Désormeaux), page 518, il est rapporté que « *Van-Helmont* vit dans les veines mésentériques de deux ictériques un liquide qui lui fit imaginer *qu'un virus excrémentitiel, ou un sang jaune et stercoral, ou un excrément liquide, jaune, fruit de la seconde digestion, étant entraîné de nouveau contre nature dans les veines, et dispersé dans tout le corps*, était la cause de l'ictère; tandis, ajoute Morgagni, que c'est la bile qui, n'étant pas sécrétée en proportion convenable, soit à cause de sa quantité, soit à raison d'un vice du foie, finit quelquefois par être surabondante dans le sang, au point que celui que l'on tire de la veine et l'urine qu'on rend alors, paraissent tout-à-fait semblables, et cela non-seulement sur les sujets qui doivent mourir, mais encore dans certains cas sur ceux qui doivent guérir. » Ce n'est que par la voie de la circulation que peut s'expliquer le passage de la bile dans tous les fluides et tous les systèmes de l'économie. C'est ce qui fait que les tissus les plus serrés, les plus secs, les plus compactes, comme les moins organisés, ainsi les nerfs, le cerveau, les tendons, les cartilages, les os mêmes prennent à la longue par l'effet du renouvellement organique, une couleur jaune, de même que la garance leur communique une teinte rouge. C'est encore de la même manière que, sous l'influence de l'ictère, les humeurs de l'œil, aussi bien que ses membranes, se colorent en jaune, et même très-promptement, et que les individus voient assez souvent les objets de cette couleur. Cette opinion est celle d'Hoffmann et des anciens. Baglivi avait également observé que chez un ictérique il ne s'écoulait des narines et des endroits où l'on avait appliqué des ventouses scarifiées, qu'une eau jaune au lieu de sang. Ces faits prouvent incontestablement le passage de la bile dans le sang.

Lorsque la jaunisse a une plus longue durée, elle est le symptôme d'une lésion plus profonde du foie; dans ce cas, elle a souvent pour cause une obstruction considérable des pores et des vaisseaux biliaires, jointe à un épaississement de la bile elle-même qui l'empêche de fluer dans l'intestin. Le volume excessif du foie, sa densité, son induration, sa dégénérescence, sa suppuration, son atrophie peuvent aussi produire les mêmes accidents.

La bile n'étant plus sécrétée ou restant stagnante, il

arrive alors qu'elle se trouve mêlée, ou au moins les matériaux qui la constituent, avec le sang, et parcourt avec lui l'économie, soit parce qu'elle est reprise dans le foie, soit parce qu'elle est absorbée par les vaisseaux lymphatiques et veineux les plus proches et notamment par ceux qui viennent de l'intestin. Il peut se faire aussi que la sécrétion de la bile s'opère bien, et qu'elle soit absorbée en même temps qu'elle est produite dans l'organe qui la prépare, en vertu d'une sensibilité, d'une énergie particulière du système absorbant.

Dans le second cas, lorsque l'ictère reconnaît pour cause un obstacle mécanique, le foie peut être parfaitement sain, et la bile continuer à être séparée; mais son excrétion est devenue impossible, parce que les canaux excréteurs de ce liquide sont fermés exactement par des calculs, ou bien parce que ces mêmes conduits sont comprimés, soit par des vaisseaux sanguins très-dilatés, soit par une tumeur squirrheuse formée dans les environs. Quelquefois aussi des spasmes, des constrictions portant sur ces canaux, l'épaississement de leurs membranes qui les convertit en de véritables cordons ligamenteux, peuvent avoir le même résultat. De sorte que la bile, non plus comme tout-à-l'heure, à l'état élémentaire, mais à mesure qu'elle est formée, ne trouvant plus à se faire jour par l'intestin, en raison de l'empêchement qu'elle rencontre sur son passage, est obligée de refluer d'abord dans la vésicule cystique, puis dans le foie lui-même, et de là par la voie des absorbants, elle pénètre dans le canal thorachique, vient se mêler au sang et parcourt avec lui les différents organes de l'économie.

Cependant voit-on que ces divers ictères, quelles qu'en soient les causes, aient immédiatement suspendu tout phénomène digestif. N'est-il pas des individus qui sont ictériques presque depuis leur naissance; a-t on jamais prétendu que chez eux la nutrition ne se faisait pas ?

Leur existence en serait le démenti le plus formel, quoiqu'il soit vrai de dire que chez eux l'existence est chétive, incomplète, représente un état maladif perpétuel, les fonctions digestives dans leurs résultats éloignés ne s'exécutant pas toutes avec la même régularité que dans un état de santé parfaite.

Néanmoins ces individus vivent, parce qu'il n'est pas *nécessaire* que la bile soit versée dans l'intestin et se mêle à l'aliment pour que la chylification s'opère, et nul doute que chaque fois que la jaunisse se déclare, ce ne soit un indice certain que la bile détournée de son cours habituel ne s'épanche plus ou n'arrive qu'en très-petite proportion dans le duodénum et par conséquent reste étrangère à ce qui s'y passe ; car s'il en est autrement, si l'on admet que cette liqueur continue à se rendre dans l'intestin, je ne vois pas ce qui peut causer et entretenir la couleur jaune de la peau, à moins qu'on ne veuille (ce qui me paraît très-contestable) que le fluide biliaire soit absorbé dans l'intestin lui-même, mais encore, s'il y a erreur de fonction dans les lymphatiques et les chylifères de ce viscère, cette erreur ne peut être que complète, c'est-à-dire que l'absorption du fluide doit être entière, fût-il sécrété en grande quantité, et, conséquemment, même difficulté pour s'expliquer comment la digestion s'effectue sans le concours de ce menstrue.

L'autopsie n'a point non plus, que je sache, montré que chez les individus qui ont succombé atteints d'ictère, la bile se soit trouvée dans l'intestin.

Le fluide biliaire, comme toutes les liqueurs excrémentitielles, peut affecter une marche contraire à celle qu'il suit ordinairement, et par là même provoquer différents accidents, mais analogues à ceux des autres *excreta*, peut-être un peu plus graves, parce qu'il est plus acrimonieux. Est-ce à dire, pour cela, que l'effet le plus direct de cette aberration porte sur un des actes les plus

importants à la conservation de la vie, sur la chylification qu'il suspendrait ou rendrait impossible? Il s'en faut
qu'il en soit ainsi; ce que l'on a tout au plus observé,
c'est qu'elle est moins active, par la soustraction d'un
liquide aussi excitant.

Pour que la bile puisse circuler sans danger dans les
tissus, sans les frapper immédiatement de mort, il est
plus que probable que les vaisseaux lymphatiques qui
s'en chargent lui font éprouver dans leur trajet une sorte
d'élaboration qui la rend moins nuisible, en la dépouillant de quelques-uns de ses principes, puisque, intro-
duite dans l'économie par cette voie, sa mise en contact
avec les organes est loin d'amener les résultats fâcheux
que ne manque pas de produire son épanchement dans
la cavité du péritoine, par suite de la rupture de la poche qui la contient. On peut en dire autant de tous les
excreta qui, repris par les vaisseaux absorbants, semblent perdre de leurs qualités malfaisantes, et se trouvent
mêlés avec le sang, sans de grands inconvénients; tandis que s'ils s'échappent de leurs réservoirs, ils occasio-
nent promptement la mort; c'est ce qui nous autorise à
croire que le système absorbant est susceptible de devenir, dans certains cas, un appareil de dépuration, en dé-
composant les liqueurs qu'il charrie.

On sait que les principes de l'urine se trouvent dans
le sang des animaux chez lesquels on a fait l'ablation des
reins.

N'arrive-t-il pas aussi que chez l'homme, dans certaines maladies, cette anomalie se présente, et n'est pas
toujours mortelle? Dans d'autres circonstances, lorsque
la transpiration cutanée est nulle, les éléments qui constituent la sueur ne viennent-ils pas se déposer à la surface d'autres organes excréteurs? Ceci prouve la solidarité de ces organes entre eux. C'est à leur faculté de se
remplacer que sont dus en général les dérangements

moins fréquents de la santé. Les individus chez lesquels cette faculté ne se montre pas, ou est très-peu marquée, sont bien plus exposés dans leur existence ; il suffit chez eux qu'une sécrétion un peu importante soit interrompue, ou ne se rétablisse pas promptement, pour que sur le champ l'organisme en souffre, et que successivement les phénomènes de la vie s'enraient et s'éteignent. Telle est la raison pour laquelle l'ictère est, avec le même concours de circonstances, une maladie très-grave, mortelle, dès la première fois, chez certains individus, tandis que chez d'autres il se répète plusieurs fois et se termine toujours heureusement, à peine même si on y fait quelque attention, tant cet état est habituel.

Ainsi donc, que l'ictère résulte d'une aberration du cours de la bile, ayant son siége soit dans le parenchyme du foie, soit dans les vaisseaux absorbants lymphatiques ou chylifères, ou bien encore qu'il ait pour cause un obstacle mécanique dans un lieu quelconque, cette affection n'est jamais une maladie dangereuse, tant qu'elle est simple, mais elle le devient lorsqu'elle se prolonge, qu'elle est précédée ou suivie d'inflammations vives, et surtout lorsqu'elle s'annonce comme le symptôme d'une lésion profonde, désorganisatrice. On a vu tour-à-tour les phénomènes de la jaunisse être produits, entretenus plusieurs mois par l'engorgement sanguin du foie, l'épaississement de la bile, l'obstruction consécutive des pores biliaires, principalement de ceux qui forment le conduit hépatique ; par la présence de calculs dans ce conduit et dans le cholédoque, et tout-à-coup ces phénomènes disparaître quand on s'y attendait le moins, par la résorption subite de l'engorgement, ou quand les calculs engagés dans le canal commun avaient franchi l'intestin, comme on en acquérait la certitude quelques jours après, en les trouvant dans les selles. Cependant, dans l'intervalle quelquefois assez long que ces pierres mettaient à

parcourir le trajet du foie au duodénum, on n'a pas observé sur les individus qui les présentaient que les digestions, bien que moins promptes, moins régulières, fussent nulles ; et il est constant que, dans ce cas, la bile ne
passait plus ni en totalité, ni en partie, dans l'intestin :
la grosseur vraiment extraordinaire de certains de ces
calculs en démontre l'impossibilité ; on en a rencontré
qui égalaient en volume une noix. Le canal cholédoque
s'est offert, à Lieutaud, excessivement dilaté, aussi ample
que le pouce. Des faits pareils sont encore consignés dans
les *Mémoires des curieux de la nature.*

Parmi les symptômes qui peuvent mettre sur la trace
de cette affection calculeuse, la faire soupçonner, on
remarque que les malades se plaignent de coliques, de
tiraillements, de pincements à l'épigastre, au-dessous de
l'appendice xiphoïde ; parfois de douleurs violentes au
pourtour de l'ombilic et dans l'hypochondre droit ; les
digestions sont lentes, la conjonctive et la peau sensiblement jaunes, les urines rouges, bourbeuses, s'attachant
au vase ; les excréments blanchâtres, durs, sont rendus
avec effort ; la soif est vive, le pouls plein, fréquent, assez
souvent serré, concentré dans le temps de la douleur.
Le moral est généralement triste, l'hypochondrie, la mélancolie, le dégoût de la vie, et plus ordinairement la
crainte de la mort se manifestent avec tout le cortége de
la perversion de la sensibilité.

La plupart de ces derniers symptômes accompagnent
presque toutes les maladies du foie ; seulement à ces signes
viennent se grouper ceux qui sont relatifs à chaque genre
d'affection de cet organe, et qui en désignent plus particulièrement l'endroit, la portion qui est lésée ; mais, en
somme, on ne voit pas que le caractère essentiel des lésions de l'appareil hépatique porte sur la digestion, la
suspende entièrement ; quoique, à vrai dire, elle soit alors
moins active ; et cela s'explique naturellement, si l'on

fait attention à l'état de souffrance du malade, au manque
d'excrétion biliaire qui a lieu chez lui ; de telle sorte
qu'une liqueur toute excrémentitielle qui était destinée
à être rejetée complètement au dehors, s'introduit dans
l'économie, et par sa présence, trouble le travail digestif
aussi bien que toutes les autres fonctions. Mais, je le répète, dans l'énoncé de ces symptômes, où voit-on que la
nutrition ne s'opère pas ; où trouve-t-on les phénomènes
d'une cachexie par défaut de nutrition, par exemple, phénomènes qui devraient se produire si, comme on le dit,
l'absence de bile dans le duodénum arrêtait la confection
de la chylification ? Car en raisonnant dans l'hypothèse
que le fluide biliaire est non seulement utile, mais indispensable pour obtenir la séparation du chyle, toute cause
susceptible d'empêcher l'arrivée du premier de ces liquides devrait avoir pour effet nécessaire, prochain, immédiat, de suspendre entièrement la digestion, comme
cela a lieu lorsque l'aliment ne peut s'engager dans l'intestin grêle, retenu par l'engorgement squirrheux du pylore qui lui fait obstacle ; car, quoique les circonstances
soient différentes, le résultat ne peut cependant qu'être
absolument semblable, c'est-à-dire que la nutrition doit
être impossible dans les deux cas, puisque, dans l'un, la
bile interceptée dans son cours ne peut contribuer à extraire de l'aliment sa partie nutritive, et que, dans l'autre, l'aliment ne peut atteindre l'endroit où la bile se
mêle à lui, pour lui faire subir son action ; ce qui revient
tout-à-fait au même pour les conséquences. Il s'en faut
cependant beaucoup que l'événement justifie cette théorie. Cette identité de résultats est bien loin d'être confir-
mée. En effet, si par des expériences comparatives faites
sur deux animaux, on essaie de représenter autant qu'il
est possible, ces deux circonstances, sous le rapport de
la digestion, en liant chez l'un l'estomac près de l'ouverture pylorique, et le canal cholédoque chez l'autre, on

voit que chez celui où la bile n'arrive plus dans l'intestin, la nutrition ne s'opère pas moins, tandis que l'autre animal dépérit de jour en jour, la surface assimilatrice de l'estomac n'étant pas assez étendue, suffisante pour la réparation de ses pertes. Cette différence implique contradiction; elle prouve combien on s'est mépris, en exagérant l'importance de la bile dans l'acte de la chylification.

CHAPITRE XIII.

Ce dernier chapitre sera consacré à rapporter plusieurs observations d'ictère; comme ce phénomène, ai-je dit, n'est qu'un symptôme des différentes maladies de l'appareil hépatique, on conçoit que les exemples que j'en donnerai seront très-variés dans leurs causes.

Ire CLASSE.

DE L'ICTÈRE AYANT SON SIÉGE DANS LES CANAUX EXCRÉTEURS DE LA BILE.

§ Ier. OBSERVATIONS D'ICTÈRES *produits par la présence de calculs dans les canaux biliaires.*

Observation 1re. En 1828, M. L*** à qui je donnais des soins, était depuis long-temps en proie à des coliques atroces, avec pincements à l'épigastre, douleurs erratiques à l'épaule droite, mouvement fébrile le soir. La peau et les yeux étaient jaunes, les digestions languissantes, mettant quelquefois plus de six heures avant d'être achevées. Tous les moyens conseillés en pareil cas avaient été infructueux, lorsque, sur mon avis, il fit plusieurs courses dans une voiture non suspendue, où tous les cahots retentissaient vers le ventre. Un jour qu'il faisait cette promenade, il éprouva une crise des plus violentes qui dura près d'une demi-heure et fut instantanément suivie de l'absence de toute douleur. Cet état de bien-être inexprimable, après une longue souffrance, continua, et deux jours après, le malade rendit avec ses excréments un calcul de la grosseur d'une aveline, arrondi et d'un vert foncé. Immédiatement après, il eut plusieurs évacuations de nature bilieuse, et la peau, ainsi que les yeux, perdirent peu à peu leur couleur jaune. Le caractère sombre, chagrin de M. L***, ses idées tristes, de mélancolie, de suicide, sa grande susceptibilité nerveuse disparurent aussi très-promptement et firent place à une satisfaction tout à la fois physique et morale, attribut d'une bonne santé qui consiste dans l'exécution complète, régulière de toutes les fonctions. Depuis trois ans, M. L*** a eu quelques prodrômes d'ictère, mais très-légers et qui se sont dissipés chaque fois après avoir rendu plusieurs concrétions biliaires, mais d'un volume bien inférieur au premier calcul. Jamais sa digestion n'a été complètement suspendue.

Observation 2ᵉ. M. A. Besnard, âgé de quarante-cinq ans, d'un tempérament sanguin, obligé par état de mener un genre de vie sédentaire (employé de bureau), était affecté depuis plusieurs années d'un flux hémorroïdal, lorsque tout-à-coup le flux se supprima et fut remplacé par des douleurs violentes avec sentiment de déchirement à la région épigastrique, et pour lesquelles il me fit appeler le 3 juin 1829.

Je le trouvai dans l'état suivant :

Visage pâle, traits contractés et exprimant l'angoisse, malaise insupportable, l'empêchant de rester plus de cinq minutes dans la même position; insomnie, perte d'appétit, soif assez vive, nausées, pouls fréquent, dur, serré; ictère; tous les objets paraissent jaunes. Cependant la pression du foie n'est pas douloureuse, sensibilité légère de l'épigastre. Première saignée de douze onces, vingt sangsues au siège, cataplasmes émollients sur tout le ventre, un bain, eau de chiendent nitrée pour boisson. Sous l'influence de ces moyens, le mal diminue d'intensité, mais la couleur jaune de la peau persiste ; de temps en temps coliques, léger ténesme, constipation. Les digestions restent lentes, le malade reprend ses travaux. Deux mois après, il me fait redemander, les symptômes ont acquis une nouvelle acuité, les douleurs à l'épigastre sont des plus déchirantes, il lui semble qu'on lui traverse le ventre de droite à gauche avec une vrille ; anxiété des plus grandes, anorexie, vomissements de matières glaireuses, langue blanchâtre, recouverte d'un enduit épais, altération des traits encore plus profonde, même fréquence et même dureté du pouls que lors de la première attaque. Saignées, antiphlogistiques sous toutes les formes ; cette fois, ils ne procurent aucune amélioration. Eréthisme général, coliques des plus atroces que rien ne peut calmer ; le malade veut mettre fin à sa pénible existence. Enfin, après six jours des plus cruelles angoisses que l'on pensait devoir se terminer par la mort, un mieux sensible se prononce ; bientôt même M. Besnard n'accuse plus aucune douleur. Ce mieux si inopiné après de si longues souffrances fait soupçonner, d'après les circonstances commémoratives, qu'un calcul biliaire a pu être cause de ces accidents, pendant le temps qu'il a mis à parcourir le canal cholédoque avant de franchir l'intestin. Ce diagnostic ne tarda pas à se vérifier, car deux jours après, le malade rendit un calcul assez volumineux, cubique et d'un vert noirâtre. Peu à peu les forces se rétablissent, la couleur jaune de la peau disparaît, l'appétit devient vif, la digestion facile, la constipation n'existe plus, et les déjections au lieu d'être blanchâtres contiennent de la bile, enfin la santé se consolide de jour en jour davantage. Un an après j'ai revu M. Besnard, qui m'a dit avoir continué à se bien porter.

Observation 3e. En 1826, je suivais la clinique de M. le professeur Chomel, à l'hôpital de la Charité, lorsqu'il y mourut un homme âgé d'environ cinquante ans, après avoir présenté un ictère des plus prononcés qui datait de plus de *six mois*, contracté à la suite d'une chute où le côté droit du ventre avait porté.

A l'autopsie, on remarqua que le foie était d'un tissu mollasse, parsemé de pierres; une d'elles plus volumineuse fermait exactement le canal hépatique, la vésicule ne contenait pas de bile, cet homme n'était pas sensiblement amaigri.

Observation 4e. Un enfant vint au monde avec une jaunisse intense, il pleurait continuellement et poussait de hauts cris. Les potions adoucissantes et anodines, les onctions et fomentations, les lavements, les bains de même nature ne peuvent le calmer, la jaunisse fut des plus intenses. L'enfant mourut le vingt-cinquième jour de sa naissance.

On se convainquit, par l'ouverture du corps, que les viscères étaient sains, à l'exception du foie, qui était plus gros qu'il n'est même à cet âge. Il était d'un rouge violet et sa substance très-ramollie. Les canaux biliaires et surtout la vésicule du fiel contenaient plusieurs calculs de bile; il y en avait un dans le canal cholédoque, à son insertion dans le duodénum, calcul qui était du volume d'un pois ordinaire. (Lieutaud,—Portal, page 125.)

M. Portal cite deux exemples à peu près semblables, page 125.

Observation 5e. Coïter raconte qu'il a vu sur un homme atteint d'ictère, dans le méat qui s'étend de la vésicule du fiel au duodénum, un grand calcul qui avait obstrué ce méat de toutes parts. (Morgagni, lettre 37e.)

Observation 6e. On voit, il est vrai, dans Scultet, qu'un Français noble qu'il disséqua, n'était pas affecté d'ictère, quoiqu'il eût le pore biliaire tellement obstrué dans la partie qui s'insère au duodénum par un caillou qui égalait un gros pois, qu'on ne put pas faire sortir la moindre quantité de bile par ce pore. (Morgagni, lettre 37e.)

Sans vouloir chercher à expliquer par une disposition particulière des éléments qui constituaient la bile, cette absence de coloration de la peau en jaune, malgré l'oblitération du conduit commun, je m'en tiens à rapporter ce fait; seulement je ferai observer qu'il n'y est nullement fait mention que la digestion ait été suspendue.

Observation 7e. Un homme qui avait passé l'âge de quarante ans était très-sujet à la colique hépatique avec jaunisse. Après avoir rendu par les selles plusieurs calculs biliaires de diverses grandeurs, il finit par éprouver une colique si violente qu'il en mourut. Le foie parut sain, mais la vésicule biliaire était pleine de calculs anguleux, dont deux étaient contenus dans le conduit commun ou le cholédoque qui était très-dilaté au-dessus de cet obstacle. (Lieutaud, lib. 1, observ. 873; Portal, page 170.)

S'il est vrai que la plupart des malades qui ont des calculs biliaires ont ordinairement une digestion longue, pénible, s'ils ont quelquefois de l'inappétence, ils ont d'autres fois, selon la remarque qu'en fait même Portal, « un appétit dévorant, éprouvant de la faim peu de temps après avoir mangé; leur estomac est, comme on le dit, capricieux. » Et afin qu'on ne puisse pas se méprendre sur le genre de calculs auxquels cet auteur fait allusion, il ajoute : « que la jaunisse et les accidents qui l'accompagnent, surviennent surtout quand ces calculs sont dans les conduits hépatique et cholédoque. » Comment concilier une telle énergie digestive, avec l'absence de la bile dans l'intestin ?

Il est bon aussi de noter que les malades qui font le sujet de ces observations ont vécu un temps quelquefois assez long, entre le moment de l'apparition de l'ictère et celui où la mort est survenue; quelquefois six semaines, assez souvent plusieurs mois, et même des années se sont écoulés pendant cet intervalle. C'est ce qu'attestent les faits suivants, recueillis par les auteurs les plus recommandables.

Observation 8ᵉ. Selon Coïter, une femme fut délivrée d'une jaunisse très-incommode et de très-longue durée, en rendant un calcul avec les excréments.

Observation 9ᵉ. Haller dit qu'Alberti observa souvent qu'après un ictère de longue durée, des calculs avaient été rejetés et suivis de débordement de bile.

Observation 10ᵉ. Malpighi rapporte qu'une dame rendit une pierre après de grandes douleurs et *une longue* ictéricie.

Observation 11ᵉ. Ruysch, le célèbre anatomiste, a conservé un calcul qui provenait de la vésicule du fiel et qui fut extrait par l'anus.

Observation 12ᵉ. Qu'opposer encore à ce fait de Bézoldus, qui raconte qu'un malade, après avoir été fatigué d'une manière extraordinaire pendant plus de *six ans* par des douleurs à l'hypocondre droit, rendit enfin une pierre, non sans des tranchées et une teinte ictérique?

Vater cite un fait absolument semblable. (Morgagni, lettre 37ᵉ, art. 16.)

Observation 13ᵉ. Morgagni dit avoir observé une telle dilatation des conduits commun, cystique et cholédoque, jusqu'à l'intérieur du foie, qu'ils avaient un périmètre de deux travers de doigt, sur un vieillard dont la vésicule et surtout les branches du conduit hépatique contenaient des calculs.

Observation 14ᵉ. Enfin le même auteur (page 635. epist. 37ᵉ.) rapporte d'après Heister « qu'on trouva dans une femme sujette aux douleurs de colique hépatique, et qui était morte après avoir rendu, à différentes fois, par les selles, des concrétions biliaires, un calcul dans la vésicule du fiel, qui était gros comme un gland de chêne et très-jaune ; et ce qu'il y eut de remarquable, c'est que l'ouverture du canal cholédoque dans l'intestin duodénum fut rencontrée si ample, qu'on eût pu y introduire le petit doigt ; il avait sans doute été dilaté par quelques gros calculs biliaires. »

Je rappelle cette observation, parce qu'il me paraît impossible que, pendant le temps nécessaire à une telle dilatation du conduit commun, il ne se soit pas produit des symptômes de jaunisse, et que la bile ait pu continuer à être versée dans l'intestin.

Nicolaï, Duverney, Trew, Kniphof ont vu également des exemples d'une ampleur excessive du canal cholédoque. Lieutaud l'a trouvé aussi gros que la veine-porte.

Indépendamment des calculs qui, engagés dans les conduits biliaires, sont une des causes les plus fréquentes de l'ictère, il arrive quelquefois que cette affection est produite par des vers et par la bile elle-même qui s'épaissit, devient concrète, et agit à la manière d'un corps étranger en s'opposant à l'écoulement de la bile dans l'intestin.

§ II. Ictères *occasionés par la présence de vers qui se sont introduits du duodénum dans le canal cholédoque.*

On ne connaît que deux faits de ce genre, l'un de Lieutaud, et l'autre de Wiérius. Je rapporterai en détail celui de Lieutaud.

Observation 1re. Un enfant de quatorze ans est atteint d'une fièvre aiguë, avec des tranchées (tormina) ; la salive coule abondamment, le ventre s'enfle et surtout l'hypocondre droit ; la face et les yeux prennent une teinte jaune. Les cardialgies surviennent, le pouls devient inégal, la matière des selles est *blanche*, et enfin, au milieu des douleurs les plus atroces, des convulsions enlevèrent ce jeune malade. Le foie était augmenté de volume, il était de couleur jaune. La vésicule du fiel était très-gonflée par la bile qu'elle contenait. Il s'était insinué, dans le canal cholédoque, un long ver lombric. L'estomac et les intestins contenaient aussi des vers : (Lieutaud, lib. 1, observ. 907.)

Une fois, en disséquant un enfant de 5 à 6 ans atteint d'ictère, je trouvai le duodénum dans sa seconde portion, à l'embouchure du canal cholédoque, tapissé, pour ainsi dire, de vers lombrics; la vésicule du fiel était remplie d'une bile épaisse et poisseuse. Les conduits biliaires étaient très-dilatés, et ni l'estomac, ni aucune portion de l'intestin ne me présentèrent la moindre trace de bile. J'étudiais la névrologie sur ce sujet. J'ai regretté beaucoup de n'avoir pu me procurer l'observation de la maladie à laquelle il avait succombé.

§ III. ICTÈRES *causés par l'épaississement de la bile.*

Observation 1ʳᵉ. Un enfant ictérique depuis sa naissance, meurt au bout de quatre ans, du carreau, avec phthisie pulmonaire au troisième degré. Appelé pour en faire l'ouverture, je trouvai les poumons farcis de tubercules, les uns ramollis, les autres en pleine suppuration, surtout au sommet des poumons. Dans la cavité abdominale, désordres aussi graves et de la même nature. Il s'écoule trois à quatre livres d'une sérosité floconneuse. L'épiploon est induré ou en putrilage. Quelques glandes du mésentère qui ne sont pas fondues forment des tumeurs encéphaloïdes. Le foie a un volume extraordinaire et un aspect lardacé; hydatides en certains endroits de sa surface, la vésicule et les canaux biliaires sont remplis d'une bile épaisse, ressemblant à du fromage

jaune, pas plus fluide. Les vaisseaux lymphatiques et chylifères sont très-gros. Quelques-uns ont le diamètre d'une
plume et contiennent une liqueur plastique d'un blanc
jaunâtre. Dans cette circonstance, le foie a été le premier
organe engorgé et le point de départ des désorganisations
qui sont survenues tant dans la poitrine que dans le ventre.

Observation 2ᵉ. Une jeune fille, ictérique depuis nombre d'années, avait atteint l'âge de puberté, sans être
réglée; ses digestions étaient laborieuses, et il ne se passait pas dejour qu'elle n'eût la migraine. Elle avait épuisé
presque tous les moyens conseillés en pareil cas, lorsqu'elle vint me consulter. Je lui recommandai de faire
beaucoup d'exercice, de se livrer surtout à ceux que prescrit la gymnastique médicale : ainsi de monter à cheval
et d'y faire de longues courses au grand trot. Ce traitement eut le plus heureux succès. Les menstrues ne tardèrent pas à paraître. Il y eut plusieurs jours de suite
des évacuations abondantes de matières bilieuses, verdâtres, excessivement épaisses et gluantes. Le canal digestif en fut irrité; la malade disait percevoir le trajet de
cette bile, à un sentiment de chaleur brûlante. Des bains,
des émollients suffirent pour apaiser ces accidents inflammatoires, et à mesure que la santé se consolida, la
couleur jaune de la peau, qui était devenue l'état habituel, se dissipa pour ne plus reparaître.

Observation 3ᵉ. Ettmüller rapporte que chez un ictérique de Leipsick, la partie basse du canal commun était
entièrement obstruée par une pituite visqueuse, au point
qu'après que ce méat eut été coupé, il ne s'écoula même
pas une goutte de bile, parce que le liquide retenu en
cet endroit était extrêmement épais et tenace. (Morgagni, epist. 37.)

Observation 4ᵉ. Morgagni dit avoir trouvé chez un
ictérique le conduit cholédoque bouché par une matière
concrète, gypseuse, et jaunâtre. (Epist. 37.)

Observation 5ᵉ. Lieutaud a rencontré la vésicule du fiel remplie d'une bile glutineuse et qui obstruait également les canaux excréteurs qui portent ce liquide dans l'intestin.

Observation 6ᵉ. On voit dans Coë (*Traité sur les concrétions biliaires*) que des personnes attaquées de jaunisse ont quelquefois rendu par les selles une bile très-épaisse, et presque aussi tenace que de la poix.

Observation 7ᵉ. En disséquant le corps d'une personne morte d'hydropisie de poitrine, ayant la jaunisse, Portal (*Maladies du foie*, page 74,) trouva que le foie était très-dur et gonflé précisément à l'endroit où sort le canal hépatique pour se rendre au cholédoque. Le conduit hépatique était plein d'une bile si concrète, qu'il ne put y introduire le plus petit stylet; et il vit que divers conduits biliaires de l'intérieur du foie qui y aboutissaient étaient également pleins, et dans une grande étendue de cet organe; cette bile était tellement concrète, qu'elle paraissait pierreuse.

A raison des obstacles que trouve la bile à s'épancher dans l'intestin, il arrive assez souvent que les canaux hépatique, cystique et cholédoque jusqu'aux pores biliaires, sont extraordinairement gonflés, injectés de bile, et par suite la vésicule du fiel est quelquefois si tuméfiée, qu'elle forme une grosse tumeur. On dit l'avoir rencontrée aussi volumineuse que la tête d'un enfant, d'un homme; elle contenait plus de deux pintes, au rapport de J. Andrée, et occupait toute la région inférieure du bas-ventre.

Dans les *Actes d'Édimbourg*, il est fait mention de la vésicule du fiel d'un enfant de douze ans, qui renfermait huit livres de bile; et même si l'on en croit Van Swieten, (*Commentaires sur Boërhaave*) cette poche contenait dans une autre circonstance jusqu'à huit pintes de ce liquide.

Observation 8. Mlle Julie de G...... âgée de dix-neuf ans, d'un tempérament éminemment lymphatique, avait eu dans son enfance une maladie du foie, dont elle ne se rétablit pas complètement; il lui resta une teinte jaune de la peau. La malade ne se plaignait que de coliques sourdes, se répétant à des intervalles assez rapprochés. Comme elle n'était pas bien réglée, on s'expliquait ainsi les accidents, sans y faire autrement attention. Elle était d'une lenteur extraordinaire dans ses mouvements, était dominée par une force d'inertie que rien ne pouvait vaincre, pas même l'attrait du plaisir, si vif à cet âge. On avait épuisé, et sans succès, toutes les ressources de la pharmacopée, les emménagogues, les toniques, les amers, etc., administrés sous les formes les plus variées. Les choses en étaient là, tout espoir de guérison presque perdu. Les parents de cette jeune personne étaient désolés, lorsqu'un événement imprévu la fit sortir de cet état de torpeur, de nullité physique et morale; ce fut à la crainte vive qu'elle éprouva de voir ses parents compromis, menacés dans leur existence par suite des événements politiques de la révolution de 1830, qu'elle dut le changement qui se produisit en elle. Dès lors une nouvelle vie commença pour cette demoiselle; son pouls, auparavant presque insensible, s'anima; les battements du cœur se précipitèrent; toutes les fonctions, qui ne s'exécutaient qu'avec la plus grande lenteur, prirent de l'activité; les menstrues parurent, le teint se colora, et ce qui étonna le plus, c'est que le caractère devint très-différent. D'indolente à l'extrême qu'elle était, Mlle de G..... se montra énergique, résolue, bravant toute espèce de dangers pour sauver les auteurs de ses jours; seule elle pourvut à tous leurs besoins.

Le lendemain de cette véritable métamorphose, elle ressentit des coliques dans l'hypocondre droit, plus fortes qu'à l'ordinaire, et qui précédèrent d'abondantes éva-

cuations alvines de matières bilieuses très-épaisses et mê-
lées à des concrétions biliaires. L'empâtement du ventre disparut, ainsi que la couleur jaune de la peau ; les
digestions devinrent et plus promptes,et plus faciles, l'appétit se prononça de plus en plus, et de jour en jour la
santé de cette demoiselle devint meilleure.

Je l'ai revue depuis, et elle n'a pas cessé de se bien
porter, d'être parfaitement réglée.

Il est évident par cette observation, qu'une secousse
morale, violente, fut cause du dégorgement du foie, de
la désobstruction des pores et des canaux biliaires, et pro-
cura l'évacuation de la bile contenue dans la vésicule du
fiel, en même temps qu'elle imprima à tout l'organisme
un mouvement plus rapide et plus régulier.

§ IV. L'ICTÈRE *peut dépendre de la constriction spasmodique des conduits biliaires, et principalement du
canal commun. Cet effet a lieu particulièrement à
la suite des affections morales.*

On trouve dans la thèse de M. Manoury (*Essai sur la
jaunisse.* Paris, 1813), une explication très satisfaisante
de la manière dont l'ictère spasmodique se produit après
une impression, soit subite, soit lente de l'ame. Il établit plus particulièrement que l'épigastre est un des foyers
principaux de la sensibilité, et que de ce centre les im-
pressions s'irradient aux organes de la digestion.

Je citerai, d'après Morgagni, deux exemples de semblables ictères (*Epist.* 37ᵉ, tome 5, page 603).

Observation 1ʳᵉ. Le célèbre médecin Aurélius Palaz-
zoli raconte que la cause insurmontable de l'ictère dont
mourut Mauroceni, sénateur et historien de Venise, étoit
la constriction des voies biliaires, puisque les parois du
conduit par lequel la bile se porte surtout aux intestins,
étaient réunies.

Observation 2ᵉ. L'autre fait est de George Maurer, où il
est dit qu'un homme, après une violente commotion de
l'âme, qui dura long-temps, devint ictérique; il succomba
à une inflammation subite de la gorge et des poumons. A
l'autopsie, on trouva l'orifice du canal cholédoque et ce canal tout entier tellement oblitérés et rétrécis, qu'ils ne
permettaient plus le passage à un stylet extrèmement
délié, et bien moins encore à une petite goutte de
bile.

Il est fait mention dans cette observation que chaque
fois que la couleur jaune de la peau se manifestait, les
déjections alvines étaient blanchâtres, lentes et diffi-
ciles; mais il n'y est nullement question que, par
l'effet de l'ictère, la digestion ait été suspendue.

§ V. Ictères *par conformation vicieuse du canal cholédoque.*

Observation 1ʳᵉ. Stoll a vu le conduit commun cartilagineux.

Observation 2ᵉ. Cabrole relate qu'une ictéricie fut oc-
casionée par la mauvaise conformation de ce canal, consistant en ce que son extrémité, tournée du côté du foie,
était fort évasée, tandis que son ouverture dans l'intestin
était capillaire.

L'obstacle au cours de la bile, qui cause l'ictère, peut
résider en dehors du foie et des conduits biliaires. Il peut
être produit par une tumeur formée dans les environs
des canaux excréteurs et qui pèse sur eux, en rétrécit
parfois singulièrement l'ouverture, la ferme même complètement : ainsi les tumeurs du mésentère, de l'épiploon gastro-hépatique, le squirrhe du pylore, du pancréas surtout, s'ils sont considérables, peuvent s'opposer
au libre écoulement de la bile dans le canal digestif. La
dilatation excessive de la veine-porte, qui indique l'em-

barras qu'éprouve ce tronc veineux à se dégorger dans le foie et à lui fournir les matériaux de la bile, peut encore être cause de la jaunisse, par le défaut de sécrétion biliaire.

Je rapporterai divers exemples de chacune de ces circonstances.

§ VI. ICTÈRE *produit par des tumeurs indépendantes du foie et de ses canaux excréteurs.*

Observation 1re. Un homme est atteint d'une maladie dans un testicule, qui en exige l'extirpation. On l'opère, mais il survient quelque temps après des douleurs de coliques, d'abord légères et fugaces; puis elles deviennent fréquentes, plus longues et plus vives. La jaunisse paraît, elle se montre de plus en plus intense; enfin le malade succombe à la fièvre lente et au dévoiement.

A l'autopsie, on découvrit qu'il y avait dans le duodénum une tumeur squirrheuse qui comprimait le canal cholédoque; cause bien suffisante pour produire la jaunisse. (Portal, *Maladies du foie*, page 127.)

Observation 2e. Chez un autre malade qui avait éprouvé depuis long-temps des coliques cruelles et une jaunisse des plus intenses, on trouva à l'ouverture du corps que la portion du mésentère qui forme une espèce de sac triangulaire dans lequel l'intestin duodénum est logé, contenait une concrétion stéatomateuse qui y était adhérente et comprimait le canal cholédoque de manière que la bile n'avait pu le pénétrer pour couler dans le duodénum.

Les canaux hépatique et cystique, ainsi que la vésicule du fiel, étaient très-tuméfiés par la bile; le premier était gros comme le doigt, et les deux autres comme une grosse plume à écrire; les parois de la vésicule plus ample que le poing, étaient plus épaisses que dans l'état naturel. (Même auteur, page 128.)

Observation 3e. En ouvrant le corps d'une femme qui était atteinte de la jaunisse, on rencontra l'épiploon ressemblant à une masse de chair. (Haller, *Disput. ad morb. hist.*, tome 3, page 561; extrait de M. Portal, page 123.)

Observation 4e. Mead dit avoir vu, après un ictère opiniâtre, le méat biliaire qui conduit à l'intestin tellement rétréci (comme par un lien dont il aurait été entouré) qu'il ne recevait pas un stylet, et qu'aucune portion de la bile qui distendait la vésicule et le foie ne pouvait descendre dans le duodénum. Or, ce rétrécissement paraissait avoir été occasioné par une tumeur squirrheuse et même cancéreuse de la partie voisine du pancréas. (Morgagni, *epist.* 37, page 613.)

Observation 5e. Lieutaud trouva chez un homme de cinquante ans, ictérique, qui avait succombé à des convulsions, le canal cholédoque extrêmement dilaté par la bile, au point qu'il était plus ample que la veine-porte. La partie droite du pancréas était tuméfiée, dure, squirrheuse et comprimait l'orifice de ce conduit. L'extrémité gauche était en putréfaction, ainsi que l'intestin duodénum, dans lequel on remarquait des callosités. (Lieutaud, observ. 1,012; Portal, page 124.)

L'inflammation peut pareillement amener le gonflement des glandes duodénales et déterminer la jaunisse en s'opposant à l'écoulement de la bile dans l'intestin. La veine porte comprimée de la même manière par une tumeur, peut présenter une dilatation considérable et devenir cause de l'ictère, par l'interception de la circulation du sang à travers le foie.

Observation 6e. Lieutaud a trouvé dans un cas d'ictère la veine-porte si dilatée qu'elle parut, à la grande surprise des assistants, aussi grosse qu'un intestin. La rate aussi était très-volumineuse. (Lieutaud, lib. 1, observ. 876.)

IIe CLASSE.

DE L'ICTÈRE PROVENANT D'UNE MALADIE DU FOIE.

Cette classe est la plus étendue et la plus variée dans ses causes; elle comprend toutes les affections de l'organe hépatique qui ont pour but d'altérer, de vicier, de paralyser ou rendre nulle la sécrétion biliaire. Ainsi, l'inflammation, la suppuration, l'hypertrophie, l'induration, la dissecation, l'atrophie, la gangrène du foie, sont autant de causes de la jaunisse. Si, quelquefois, dans les observations suivantes, il n'est pas fait mention de ce symptôme, c'est souvent par pur oubli de la part des auteurs qui nous les ont transmises : en effet, si on ne rencontre pas toujours dans les maladies du foie, comme une de leurs conséquences inévitables, la couleur jaune, safranée, ictérique, cependant la peau ne manque jamais de présenter une teinte particulière autre que celle de l'état normal; ainsi elle est plus foncée, rougeâtre, livide, ou verdâtre; cela arrive, surtout, lorsque la sécrétion de la bile est altérée, viciée dans sa composition : alors la couleur de la peau n'est plus aussi franchement ictérique.

§ I. ICTÈRE *par suite de l'inflammation du foie.*

Observation 1re. A la suite d'une imprudence (s'étant découvert lorsqu'il faisait froid), un jeune homme de dix-huit ans éprouve une douleur violente à la région du foie, avec sentiment de chaleur brûlante; la fièvre s'allume, le pouls bat avec force, l'hypocondre droit se tuméfie, la sécrétion biliaire devient nulle : on en juge par les digestions qui deviennent plus lentes, et les matières qui sont dures et grisâtres, en même temps que la peau se colore en jaune ; l'urine est rouge , chargée. Enfin , *trois mois après* l'apparition des premiers symptômes , et après avoir présenté des alternatives de mieux et de rechutes , le malade succombe à une pneumonie intense du côté droit , qui ne dura que cinq jours.

A l'autopsie, je reconnus, outre l'hépatisation du poumon , que le foie était très-volumineux , enflammé ; la vésicule ne contenait presque pas de bile, et les canaux, ainsi que les pores biliaires dans l'intérieur du foie , en étaient tout-à-fait privés. La sérosité peu abondante que renfermaient les plèvres et le péritoine était , il est vrai , limpide , mais d'une teinte citrine.

Observation 2ᵉ. Un jeune homme de dix-huit ans , qui jouissait d'une bonne santé , est saisi d'un violent frisson. Une fièvre aiguë survient , avec une douleur brûlante , gravative , dans l'hypocondre droit ; la face devient d'une pâleur verdâtre ; la toux , et une grande difficulté de respirer se joignent à ce symptôme. L'hypocondre droit se tuméfie de plus en plus , avec résistance. Une douleur lancinante se fait sentir dans d'autres parties du bas ventre , ainsi que dans la poitrine. Le hoquet survient , la raison se trouble , et le malade meurt. On reconnut par l'ouverture du corps que le foie avait un très-grand volume, qu'il était atteint d'inflammation , et adhérent aux parties voisines qui étaient aussi enflammées. (Lieutaud. *Observ.* 597. Portal , page 218.)

§ II. Ictères *par suppuration ou ulcère du foie.*

Observation 1ʳᵉ. Un homme de quarante-huit ans avait été attaqué , environ six mois auparavant , d'une hépatitis , dont il se croyait guéri. Il avait repris ses travaux accoutumés ; l'appétit était revenu , lorsqu'il commença à éprouver , presque tous les jours , des frissons suivis de chaleur. Bientôt , tout son corps devint d'un rouge foncé tirant sur le jaune. Les urines prirent aussi une couleur rougeâtre; la maigreur augmenta de jour en jour, les frissons devinrent plus fréquents, il survint des lipothymies, et le malade périt.

A l'autopsie, on trouva le foie plus volumineux que dans l'état naturel, il était d'un rouge brun; les incisions longitudinales qu'on y fit laissèrent couler une grande quantité d'un pus fétide, et il ne parut plus que comme un sac creux après l'évacuation de cet abcès. La vésicule du fiel était si prodigieusement allongée, qu'elle touchait presque à la crète des os des îles et était remplie d'une liqueur noirâtre. (Hasenorhl, *hist. morb.*, *epist.*, *obs.* 3. — Portal, pag. 223.)

Observation 2ᵉ. Une jeune femme qu'on croyait grosse mourut. On l'ouvrit, et on reconnut que la grossesse n'existait pas, mais qu'il y avait beaucoup d'eau dans le bas ventre, et que le foie était dans une complète putréfaction. (Paw, Lieutaud. *Liber.* 1, *observ.* 802.)

Observation 3ᵉ. On rencontra dans le cadavre d'un homme mort de fièvre lente, et qui ne s'était jamais plaint d'aucune douleur gravative dans l'hypocondre droit, le foie entièrement détruit par un ulcère. (Horstius, Lieutaud, *Observ.* 814.)

Observation 4ᵉ. Un de mes amis, M. Pellassy, vient de me communiquer une observation récente sur une hépatitis chronique qui se termina par le putrilage du foie : Madame veuve Martin, âgée de 50 ans, d'une forte constitution, sujette à des fièvres intermittentes, était atteinte, depuis *quinze mois*, d'une hépatite chronique avec ictère, lorsqu'elle mourut le 10 novembre 1831. Cette maladie eut d'abord une marche des plus lentes, sans symptômes caractéristiques. Négligée dans son principe, on ne put plus tard en arrêter les progrès. Les excréments étaient durs, grisâtres, la constipation très-opiniâtre, l'urine par fois rouge et chargée. Le foie, dont le volume était énorme, faisait saillie au-dessous du rebord des fausses côtes, et occupait tout l'hypocondre droit, toute la région ombilicale jusqu'à la crête iliaque droite. On sentait, à travers les parois abdominales, qu'il formait une tumeur mollasse se laissant facilement déprimer. Cet organe était converti en une sorte de putrilage, de bouillie, moitié sanguine, moitié putride. Les canaux biliaires étaient vides de bile. Cependant, malgré le long cours et la gravité de cette affection du foie, la malade n'était pas considérablement amaigrie, les aliments ne furent jamais rejetés, et jusqu'au dernier moment les digestions s'effectuèrent.

Observation 5e. Un homme, qui avait depuis quarante à cinquante jours une maladie inconnue, éprouvait surtout des syncopes fréquentes, il mourut. A l'ouverture du corps, on vit que le foie était d'un grand volume et dans une putréfaction complète; les poumons étaient aussi putréfiés. (Baillou, Portal, p. 36).

§ III. Ictères *par hypertrophie du foie.*

Observation 1re. Une femme qui mangeait peu, parce qu'elle éprouvait après le repas des anxiétés et des suffocations, mourut subitement.

Elle avait le foie et la rate d'un volume si énorme, que l'estomac en était comprimé, resserré. (Bonnet, *Sepulchretum anatomicum.*)

Observation 2e. Une femme de quarante ans, ayant le teint jaunâtre, portait depuis long-temps une dureté au côté droit du bas-ventre, dureté qui descendait jusqu'à l'os iléum et même plus bas. A sa mort on trouva que le foie avait acquis un volume prodigieux, son lobe droit descendait jusqu'au fond du ventre (Morgagni. *Epist.* 36.)

Observation 3e. Pringle (*maladies des armées*) rencontra sur un jeune homme le foie si considérable, qu'il descendait presque jusqu'à l'ombilic, et pesait dix livres.

Dans les faits de ce genre d'hypertrophie du foie, il faut que tout le sang, tous les sucs divers qui arrivent à cet organe soient employés à sa nutrition, sans qu'aucune partie puisse en être détournée pour sa sécrétion.

Observation 4ᵉ. On reconnut, à l'ouverture du corps d'une femme de quarante ans, qui avait eu plusieurs enfants et qu'on avait crue enceinte, parce qu'elle avait eu une suppression de règles, que le foie était d'un volume énorme, et qu'il pesait quarante livres. (Thomas Bartholin, Lieutaud. *Obs.* 567.)

§ IV. Ictères *par induration du foie.*

Observation 1ᵉʳ. Adolphe B., âgé de 48 ans, d'un tempérament éminemment sanguin pendant sa jeunesse, avait reçu, il y a huit ans, un coup à l'hypocondre droit. Depuis ce temps il ne cessa d'éprouver, par intervalles assez rapprochés, des douleurs vives dans le foie, pendant lesquelles on observait les symptômes suivants : La peau se colorait sensiblement en jaune, les urines devenaient plus rares, rouges, bourbeuses, les selles étaient grises, dures, le plus souvent accompagnées de coliques avec un léger ténesme, le pouls était dur, fréquent, et il survenait une grande irritabilité générale ; nul trouble dans les fonctions digestives, nulle sensibilité à l'épigastre, pression de l'abdomen seulement douloureuse à la région qu'occupe le foie. On avait eu recours successivement, selon les vues du médecin dirigeant, aux méthodes les plus différentes, et sans avoir obtenu de l'une ou de l'autre des effets marqués, durables. Ainsi les sédatifs avaient remplacé les antiphlogistiques de toute na-

ture, ensuite s'étaient succédés les minoratifs, les purga-
tifs drastiques, les dérivatifs, les révulsifs les plus puis-
sants, au moyen de vésicatoires, de sétons, de larges
moxas sur l'hypocondre droit, et nonobstant le concours
si varié d'agents thérapeutiques, les progrès du mal ne
purent être arrêtés. Peu à peu les extrémités inférieures
s'infiltrèrent, le ventre devint œdémateux, l'ascite s'y
joignit, et plus tard la respiration fut de plus en plus
courte, l'oppression imminente, et le malade mourut le 4
septembre 1831.

L'ouverture que je pratiquai douze heures après justi-
fia notre diagnostic : le foie était le siége de la maladie.
Ce viscère, bien qu'il ne fût pas augmenté de volume,
présentait une masse compacte; il était dur, grisâtre,
cartilagineux, graveleux dans presque sa totalité. Il était
si dur que je parvins avec peine à le diviser; dans son
parenchyme on ne pouvait distinguer aucune trace de
vaisseaux, la vésicule du fiel était absolument oblitérée,
les parois des canaux hépatique et cystique ressemblaient
à un cartilage, le canal cholédoque était très-rétréci, la
sécrétion de la bile était tout-à-fait nulle; je ne trouvai
aucune trace de ce liquide dans l'intestin, celui-ci était
parfaitement sain.

Observation 2ᵉ. En 1828, on reçut à l'Hôtel-Dieu,
dans les salles de M. Recamier, un homme atteint d'ictère depuis nombre d'années, et qui était entré pour se
faire traiter d'une pneumonie intense. Après sa mort,
on trouva, outre les traces de l'affection du poumon, le
foie excessivement induré; la poche cystique était vide
de bile, ainsi que les canaux hépatique et cholédoque,
qui représentaient de véritables cordons ligamenteux;
nulle trace d'un fluide biliaire dans l'intestin, mais les
vaisseaux lymphatiques contenaient une liqueur jaune et
plastique.

Observation 3ᵉ. Un jeune homme de vingt-six ans

était atteint d'une jaunisse depuis *trois ans*, lorsqu'il se manifeste de l'hydropisie et qu'il meurt suffoqué. Indépendamment d'une grande quantité d'eau qu'on trouva dans le bas-ventre, on vit que le foie était endurci, squirrheux et sec. (Horstius, Lieutaud, *observ.* 623.)

Observation 4ᵉ. Un homme, âgé d'environ cinquante ans, était tellement gêné par une très-grosse tumeur de l'hypocondre droit, qu'après avoir éprouvé, pendant *quatre mois*, différentes incommodités, celles qui accompagnent le défaut de sécrétion biliaire, il ne put, tant qu'il vécut, se lever de sa chaise, ni la nuit, ni le jour. A l'ouverture du corps on vit que le foie était squirrheux. (Charles Pison; Portal, page 3o.)

Morgagni cite également des exemples de cette dureté du foie, articles désignés ainsi :

Jecur durum, durum ex parte, sub durum, sub cultro stridens.

Salmuth a trouvé sur un enfant de douze ans le foie dur comme une pierre. (Portal, page 6oo.)

Lorsque le foie est si dur, qu'on a peine à le couper avec un instrument tranchant, comment croire qu'il puisse se laisser pénétrer par les différents liquides qui l'abordent, et en tirer les principes dont il compose sa sécrétion?

§ V. ICTÈRES *résultant de la dessication du foie.*

Observation 1ʳᵉ. Un jeune homme étant mort d'une fièvre ardente, après avoir présenté les phénomènes de la jaunisse, on reconnut que le foie était sec, aride, comme brûlé. (Hessius; Lieutaud, *obser.* 827. —. Portal, page 114.)

Observation 2ᵉ. Un jeune homme meurt d'une anasarque et d'une ascite; son corps ayant été ouvert, on vit, indépendamment de l'eau d'un jaune noirâtre con-

tenue dans le bas-ventre , que le foie était noirâtre , res·
semblant à du cuir torréfié , et si dur qu'on pouvait à
peine le couper avec un couteau. (Lieutaud , lib. 1 ,
obser. 820. — Portal , page 114.

Observation 3e. En ouvrant le corps d'une femme ictérique , morte d'hydropisie , on vit que le foie était
sec , noir , rapetissé comme du cuir ridé. (Tulpius , Lieutaud , *obs.* 823 , *lib.* 1. — Portal , page 114.)

§ VI. ICTÈRES *provenant de l'atrophie du foie.*

Observation 1re. Une femme , âgée d'environ trente-
quatre ans, meurt hydropique. A l'autopsie on trouva une
grande quantité d'eau épaisse semblable à du marc d'huile,
et de plus le foie presque détruit. Il ne restait de ce viscère que quelques vaisseaux. (Paw, Lieutaud , 812. —
Portal , 115.)

Observation 2e. Un jeune homme de mes amis, que
j'eus la douleur de perdre en 1828 , malgré les soins les
plus assidus que je lui donnai conjointement avec M. le
professeur Fouquier , appelé en consultation , avait succombé, après trois mois de traitement, à une pneumonie chronique , compliquée de péritonite latente , qui
se termina par l'ascite. A l'autopsie, le foie fut trouvé
entièrement atrophié, flétri , réduit au vingtième de son
volume ; la vésicule et les canaux biliaires étaient vides.

Pendant près de dix mois que dura , si j'ose dire , la pé-
riode d'incubation de la double maladie du poumon et
du péritoine , il n'y eut aucun indice de cette affection
du foie , si ce n'est que ce jeune homme mangeait peu,
que la constipation était son état le plus habituel, qu'il
rendait ses excréments avec effort, et encore y faisait-il
à peine attention , n'éprouvant aucune douleur. La peau
et la conjonctive étaient parfois légèrement teintes en
jaune. Jusqu'au dernier moment les digestions ont été

bonnes ; les gelées de veau , de poulet , les potages à la semoule , au pain , avec lesquels on l'alimentait , passaient fort bien. Je rapporterais en entier cette observation , si elle n'était pas trop longue ; elle intéresse surtout , en ce qu'elle montre manifestement que les lésions les plus graves , les plus profondes, peuvent occuper les organes les plus importants, sans qu'il se produise de la douleur ; de sorte que le malade n'en est quelque fois averti que quand elles ont produit des désordres irrémédiables. Jusqu'au dernier instant, ce jeune homme ne s'est plaint que de sa faiblesse , et cependant les deux poumons, les plèvres , le péritoine , l'intestin et le foie, présentaient des désorganisations extraordinaires.

§ VII. Ictères *par gangrène du foie.*

Observation 1ʳᵉ. Un homme, après avoir éprouvé différents revers de fortune , est plongé dans la tristesse la plus profonde. Après sa mort on trouva le foie noir , comme sphacelé et conservant l'impression du doigt. (Dodoneus, Lieutaud, *obser.* 807. —Portal, page 418.)

Observation 2°. Un malade éprouve un vomissement sanguin et pituiteux , avec un extrême appétit. Le sang avait cessé d'être rendu , mais le vomissement d'autres matières continuait. On prescrivit inutilement les divers corroboratifs et astringents , le malade mourut. Le cadavre ayant été ouvert , on reconnut que le foie était entièrement gangréné et putréfié. (Martius , Lieutaud , *observ.* 784. — Portal , page 552.)

Observation 3ᵉ. Un jeune homme était atteint, depuis long-temps , d'une fièvre lente , avec dégoût pour les aliments, et d'un flux de ventre de matières sanguinolentes, semblables à de la lavure de chairs. La maladie continuant, et les hypocondres étant tuméfiés par des vents , les forces manquaient peu à peu, jusqu'à ce qu'enfin, *huit mois* s'étant écoulés, le malade mourut.

Les intestins étaient gonflés et couverts de taches gangréneuses ; le foie était en partie squirrheux et en partie putride ; les poumons étaient adhérents à la plèvre, et couverts de taches livides. (Lieutaud, *hist. anat. médic.*, *lib.* 1 ; *observ.* 779 — Portal, page 537.)

Observation 4e. Un homme, affecté de jaunisse, menait une vie fort malheureuse, sans presque prendre d'aliments. Des vomissements continuels étant survenus, il périt. Le foie était en partie squirrheux et sphacelé ; la vésicule du fiel était pleine d'une bile, ressemblant par la couleur à du marc d'huile, qui aurait eu la consistance de l'argile. La rate et le pancréas étaient squirrheux, et les poumons à moitié pourris. (Thomas Bartholin ; Lieutaud, lib. 1, *observ.* 640. — Portal, p. 522.)

Baillou et Fabrice de Hilden rapportent également des observations où le foie, après une maladie longue, et chez des individus ictériques, avait été trouvé en putréfaction complète.

Il n'est pas rare non plus que le foie se soit trouvé rongé en entier par des ulcères, fournissant un pus sanieux et putride ; assez souvent aussi on reconnut, qu'à la suite d'une contusion, il était frappé de mortification. De même, les désorganisations les plus variées et les plus profondes sont survenues dans cet organe, après la suppression de certaines évacuations habituelles d'exanthêmes cutanés, d'autres fois encore ces différents états pathologiques tiennent ou à un vice de la constitution, ou à la présence de certains virus dans l'économie, la syphylis surtout.

Je renvoie aux auteurs, et surtout à Lieutaud et Portal, pour des exemples de chacune de ces différentes lésions ; toutefois, j'observerai que, quel que soit le genre d'affection du foie, la jaunisse se manifeste le plus ordinairement , et qu'elle est un indice certain de la gêne , de l'obstacle au cours de la bile dans l'intestin , si même la sécrétion de ce liquide n'est pas tout-à-fait empêchée par l'effet de la lésion du foie.

Avant de terminer cet article, relatif à l'ictère, je crois devoir relever une opinion fausse, que partagent la plupart des physiologistes et des médecins. Tout en reconnaissant que dans certaines circonstances le foie est inhabile à sécréter, que dans d'autres la bile s'altère, devient épaisse, poisseuse, glutineuse, qu'elle stagne dans ses conduits, s'y concrète, ils veulent cependant qu'une portion de ce liquide, quelque petite qu'elle soit, trouve encore accès dans l'intestin, chaque fois que la digestion continue, parce que, suivant l'idée qu'ils ont de cette fonction, ils ne conçoivent pas qu'elle puisse avoir lieu sans cet agent qu'ils considèrent comme essentiel. De même, selon eux, les calculs biliaires, quelque gros qu'ils soient, sont supposés ne pas fermer exactement les conduits excréteurs de la bile, le cholédoque surtout, de manière qu'une partie de ce menstrue pénètre toujours dans le duodénum, nonobstant l'empêchement que forment ces calculs. Si cela était vrai, je demanderais pourquoi on ne trouve pas chez les individus atteints d'ictère la moindre trace de fluide biliaire dans l'intestin? pourquoi les digestions sont-elles lentes, les matières fécales blanchâtres au lieu d'être colorées en jaune, comme cela arrive dans l'état naturel, et lorsque l'obstacle au cours de la bile est surmonté? Pourquoi les mêmes accidents récidivent-ils toutes les fois que la jaunisse se déclare? D'ailleurs, que peuvent les assertions des physiologistes, qui regardent la bile comme indispensable à la chylification, contre des faits qui établissent et qui prouvent irrésistiblement qu'elle n'est pas nécessaire? Il ne faudrait donc pas ajouter foi au témoignage des auteurs les plus recommandables et les plus véridiques , qui disent positivement , pour l'avoir observé, qu'il se présente des cas où il y a impossibilité physique , absolue , que la bile soit versée dans le duodénum ; et, cependant, suivant le rapport de ces auteurs , les individus , sujets de ces observations, ont vécu quelquefois assez long-temps, *plusieurs mois, des années entières,* avec leurs incommodités.

Qu'opposer à ce fait de Coïter, où il est dit qu'une femme fut délivrée d'une jaunisse très-intense et de *très-longue durée,* en rendant un calcul avec les excréments; et lorsque le même auteur rapporte qu'il trouva sur un homme atteint d'ictère depuis long-temps un calcul qui avait obstrué de toutes parts le méat qui conduit de la vésicule au duodénum? et cet autre fait de Bezoldus, où un malade, après *six ans* d'ictère, rendit une pierre, non sans tranchées; celui de Morgagni, d'après G. Maurer, où l'orifice du canal cholédoque et ce canal tout entier étaient tellement oblitérés, qu'ils ne permettaient plus le passage à un stylet extrêmement délié, et bien moins encore à une petite goutte de bile. (Morgagni, *epist.* 37.) On voit dans la même lettre une observation de Traffelmann, rapportée par Schenck, dans laquelle l'auteur décrit, sur un prince, le méat de la bile, qui s'insère au duodénum, tel qu'il l'avait trouvé lui-même, c'est-à-dire large, enflé comme un estomac et rempli de toutes parts de calculs, les uns plus petits, les autres plus grands.

Enfin le canal cholédoque s'est présenté comme un cordon ligamenteux, ressemblant à un cartilage. Comment pouvait-il alors transmettre la bile dans l'intestin? Lorsque l'ictère dépendait d'une affection du foie, cet organe n'a-t-il pas été trouvé en pleine suppuration, de manière à ne plus former qu'un sac creux après l'évacuation de l'abcès? Hasenorhl et même Lieutaud ne l'ont-ils pas rencontré entièrement détruit par un ulcère?

D'autres fois il était tellement dur, qu'on ne pouvait le couper avec un instrument tranchant (Morgagni), et, dans d'autres circonstances, tellement atrophié, qu'il n'était pas plus gros que le poing, et encore était-il flétri dans ce qui le constituait. (*idem.*)

Enfin, que l'on se rappelle le fait de Gaspard Bauhin rapporté par Lieutaud : « on ne trouva chez un homme aucune trace du foie ni de la rate. »

Comme avec de tels désordres, qui ne se produisent pas en un jour, il est impossible que le foie effectue sa sécrétion, il faut donc admettre que dans tous les cas où la digestion a continué de s'opérer, malgré les lésions de l'appareil hépatique, elle s'est faite sans le concours de la bile, et conclure par conséquent que cette liqueur n'est pas nécessaire, indispensable, comme on le dit, à la séparation du chyle.

N'est-il pas aussi des circonstances où, sans causes connues, la bile est plus abondante, acquiert subitement des propriétés tellement actives, devient si âcre et si corrosive, que, loin d'être utile à la digestion, elle ne peut que lui nuire, en déterminant par sa présence une vive inflammation de l'estomac et de l'intestin, et par suite des superpurgations capables de compromettre très-promptement l'existence ? Ainsi, par exemple, dans certains cas de typhus, de fièvre jaune, de choléra-morbus, cette liqueur devient, sans cause bien appréciable, tellement pernicieuse, qu'elle enflamme tout ce qu'elle touche et provoque dans toute la longueur du canal digestif des sécrétions séreuses et muqueuses tellement abondantes, que les forces du malade en sont promptement épuisées.

Indépendamment de la dépense considérable de l'innervation qui en résulte, n'est-ce pas encore à la présence d'un liquide aussi irritant sur les surfaces, les houppes nerveuses de l'intestin, que l'on doit rapporter

les coliques, les tranchées, et, par suite des anastomoses, des communications des nerfs du grand sympathique
avec ceux de la vie extérieure, les crampes, les contractions spasmodiques, dans les membres inférieurs, qu'é-
prouvent les malheureux en proie à l'une ou à l'autre de
ces terribles maladies. Il suffit, ce me semble, que la
bile soit susceptible de produire de pareils phénomènes,
pour qu'on la considère comme un fluide entièrement
excrémentitiel. Sa manière d'être n'est pas différente de
celle des autres *excreta*, qui, sous l'influence de certaines causes, prennent également des qualités délétères et
agissent par contre coup sur l'économie et notamment
par leur effet assez prochain sur le système nerveux,
comme des poisons violents.

L'altération de la bile qui fait que ce liquide acquiert
des qualités vraiment vénéneuses, avait été supposée par
Morgagni. Cet auteur raconte avoir trouvé dans l'estomac et les intestins du fils d'un peintre, mort dans les
plus terribles convulsions, une bile verte qui teignait le
scalpel en violet, et tellement vénéneuse, que deux pi-
geons piqués avec cet instrument qui en était recouvert,
succombèrent rapidement avec de violentes convulsions
et un tremblement universel, et qu'un coq qui avait avalé
de la pâte imprégnée de cette bile, périt aussi, et de la
même manière. On ne peut pas croire que Morgagni, ordinairement si exact dans ses observations, se soit mépris
dans ce cas en attribuant à la bile ce qui était dû à la
présence d'un poison violent qui aurait été introduit
dans l'estomac et les intestins. Cet auteur n'aura point
rapporté le fait, sans s'être auparavant bien enquis de
toutes ses circonstances.

Dans la discussion qui s'est élevée au sein de l'académie de médecine, au sujet du choléra-morbus, d'hono-
rables membres, M. Esquirol entre autres, n'ont-ils pas
comparé les symptômes du choléra à ceux que produi-

rait un empoisonnement par les champignons. Je me demande si la bile n'est pas la substance vénéneuse qui en tient la place, et provoque ces accidents le plus souvent mortels, bien qu'elle ne soit pas toujours la matière composante des évacuations ; et même, dans cette occasion, ne serait-ce pas parce que cette liqueur est sécrétée en moindre quantité, est plus rapprochée, plus poisseuse, qu'elle devient plus active, plus vireuse pour l'intestin dont elle exalte la sensibilité et consécutivement la faculté d'exhalation ? Ce qui m'autorise à le croire, c'est que dans les circonstances où le choléra-morbus doit avoir une terminaison heureuse, le changement en mieux, suivant le rapport de M. *Double* (1), s'annonce par la coloration en jaune des matières des vomissements et des selles. C'est un fait que disent avoir assez généralement constaté les médecins qui ont été envoyés par le gouvernement français pour aller observer ce fléau destructeur sur les lieux témoins de ses ravages, et c'est ce que nous avons observé nous - mêmes lorsque cette maladie exerçait dernièrement à Paris sa funeste influence. Dans ce cas encore, ce symptôme n'est avantageux que parce qu'il indique que la sécrétion biliaire est revenue à son mode habituel, dont un moment elle s'était écartée, d'après des conditions épidémiques dont nous ne pouvons connaître l'essence.

La bile cependant est sécrétée assez souvent en quantité extraordinaire, même dès le début de cette affection, au point qu'elle constitue à elle seule un des principaux phénomènes du choléra-morbus, qui a tiré son nom de ce phénomène.

La bile qui compose la matière des vomissements et des évacuations alvines, est loin de conserver toujours

(1) Rapport de l'académie de médecine, sur le choléra-morbus, 1831.

la même couleur, la même composition, dans le cours de la maladie et chez le même individu. On a généralement trouvé que cette humeur est d'abord verdâtre, porracée, fort analogue quelquefois à une dissolution de vert-de-gris, qu'elle devient ensuite plus foncée, noirâtre, et enfin d'un jaune clair, si l'affection cholérique doit avoir une heureuse issue. Mais il est rare qu'elle se termine ainsi, quand les matières rejetées sont brunes, semblables à de l'eau de goudron ; leur fétidité est aussi d'un très mauvais augure. Dans ces cas malheureux, il est plus que probable que le foie est atteint profondément, qu'il est le siége d'une lésion qui a été promptement désorganisatrice ; il est même en grande partie frappé de gangrène, de manière que tout le sang artériel et veineux qui le pénètre serait immédiatement décomposé, et converti par une perversion de la sécrétion biliaire, en une sorte de putrilage semblable à du marc d'huile ou de café.

Enfin, le traitement des maladies du foie et de ses canaux excréteurs, ne confirme pas davantage cette prétendue importance de la bile, quoique ce traitement soit, en général, peu rationnel, le plus souvent abandonné au hasard ; cependant, il est bon de faire remarquer que cette espèce d'empirisme aveugle, qui dirige alors le médecin, à son insu, n'a point, dans cette circonstance, tous les inconvénients que l'on pourrait en redouter, tant il est vrai que les faits ont en eux-mêmes une force intrinsèque, qui nous oblige quelquefois à agir contradictoirement à nos idées préconçues, mais qui ne reposent pas sur une base solide ; la thérapeutique des maladies du foie en est un exemple frappant. C'est ainsi qu'au lieu de contribuer à établir irrévocablement l'utilité de la bile dans la digestion, cette science dépose plutôt en faveur de l'opinion contraire, de ne considérer ce liquide que comme une humeur entièrement excrémentitielle ; puis-

qu'en effet par l'emploi varié de nos moyens curatifs,
nous nous proposons, toujours en définitive, son expulsion de l'économie, soit que nous agissions pour rappeler
la sécrétion biliaire, lorsqu'elle est interrompue, soit
que nous voulions remédier aux obstacles qui s'opposent
à l'écoulement de cette liqueur, ou enfin que, rendue
dans l'intestin, où elle s'accumule, et empêche même
le travail digestif, il devienne nécessaire d'en provoquer
la sortie par des émétiques ou des éméto-cathartiques.

Dans toutes ces circonstances, le médecin praticien ne
pense-t-il pas agir uniquement sur un produit de pure
excrétion ?

Les différentes considérations que je viens de présenter sur le foie, envisagé principalement dans ses rapports
avec la digestion, font apprécier à leur valeur les idées
admises sur l'importance absolue de la bile, comme agent
de la chylification ; on peut maintenant comparer la
somme des preuves, qui infirment cette importance,
avec le petit nombre, et je dirai-même l'insuffisance des
faits qui ont servi à accréditer une semblable erreur.

Puissé-je, dans cette recherche des fonctions du foie
et des usages de la bile, avoir atteint, en partie, le but
que je m'étais proposé, et que Bichat avait signalé à l'attention des physiologistes : la découverte du rôle inconnu, mais important, que le foie, outre sa sécrétion,
remplit dans l'économie

------

*Conclusions du rapport fait à la société médicale d'é-
mulation, par M. le D. Ledain, sur le mémoire précédent.*

Votre rapporteur pense que l'ouvrage adressé par
M. Voisin, mérite l'une des trois médailles que la société

décerne chaque année conformément à l'article 32 de son réglement. En conséquence, je conclus à ce que l'une de ces médailles soit décernée à M. Voisin dans votre prochaine séance publique.

LEDAIN, secrétaire particulier.

Paris, 17 novembre 1832.

EXTRAIT *du compte rendu des travaux de la* SOCIÉTÉ MÉDICALE D'ÉMULATION. Séance annuelle du 29 janvier 1833.

M. Bricheteau en parlant du concours des trois médailles que donne la société, s'exprime ainsi : le troisième mémoire eût été plus heureux (eût mérité une des trois médailles), s'il n'eût pas renfermé des opinions hasardées, bien qu'ingénieuses, *dont la société a craint de prendre la responsabilité en le couronnant.* Ce dernier travail, dont l'auteur est M. Benjamin Voisin, médecin à Paris, a pour titre : *Nouvel aperçu sur la physiologie du foie et les usages de la bile; De la digestion en général.* Le foie est considéré, dans le mémoire, comme un organe d'élimination, un véritable émonctoire de l'économie animale, destiné à épurer les produits de la digestion. Il résulterait de là que la bile ne serait plus un agent actif de la digestion. L'auteur serait porté à la regarder comme un stimulus de nature à aider l'intestin à se débarrasser des matières fécales. Il se fonde même à cet égard sur la composition chimique de ce liquide animal qui n'offre sous ce rapport aucune analogie avec les autres sucs ou fluides digestifs. Adoptant en partie l'idée des anciens, M. Voisin considère la rate comme le vicaire du foie; il croit que ce viscère doit fournir des matériaux à la sécrétion biliaire. Il

combat en même temps l'opinion d'un médecin célèbre
de notre époque, qui consiste à regarder la rate, même
le foie, comme des diverticulum destinés à recevoir le
trop plein du sang, lorsque la circulation éprouve des
embarras, ou qu'il y a une espèce d'arrêt dans les agents
d'impulsion. Pour faire ressortir que la bile est un fluide
excrémentitiel et non essentiel à la digestion, l'auteur
remarque qu'elle est sécrétée avant la naissance, époque
à laquelle les organes digestifs ne remplissent aucune
fonction ; que le méconium est formé des mêmes principes que le fluide biliaire ; que comme lui il détermine
l'ictère, lorsqu'il n'est pas évacué en temps opportun ;
qu'enfin il y a des animaux qui n'ont pas de foie, et même
qu'un cas semblable s'est rencontré chez l'homme. Par
une sorte de compensation, M. Voisin attribue de nouveau au suc gastrique une partie des usages qu'il refuse
à la bile, réfute les opinions de feu Montègre sur l'influence de la salive, et s'appuie de celles émises naguère
par le docteur anglais Garswel, qui a rajeuni parmi nous
quelques idées vieillies du célèbre abbé Spallanzani. Il
a répété plusieurs expériences faites avant lui sur les sucs
digestifs (la salive, le suc gastrique, le fluide pancréatique) en opposition avec celles qu'il a en même temps
tentées sur la bile. Il a réussi plusieurs fois à faire la
ligature du canal cholédoque sans arrêter le travail de
la digestion alors privée du concours du fluide biliaire.
L'auteur fait aussi une excursion dans le champ de la
pathologie, où il trouve des arguments qui lui aident
à soutenir sa thèse avec esprit et habileté, si ce n'est
avec un succès complet. La société a accordé à l'una-
nimité une mention honorable à ce travail qui décèle
une instruction profonde et a exigé beaucoup de temps
et de persévérance.   *Signé* BRICHETEAU,

Secrétaire de la société médicale d'émulation.